KB123028

패
자
의

생명사

HAISHA NO SEIMEISHI 38 OKU NEN

Copyright © 2019 by Hidehiro INAGAKI

All rights reserved.

Interior illustrations by Yumiko UTAGAWA

First original Japanese edition published by PHP Institute, Inc., Japan.

Korean translation rights arranged with PHP Institute, Inc.

through EntersKorea Co., Ltd.

패
자
의

이나가키 히데히로 지음
박유미 옮김 | 장수철 감수

생명사

**38억 년 생명의 역사에서
살아남은 것은 항상 패자였다!**

더숲

감수의 말

가장 번성한 성공적인 패자의 역사

우리는 살아가는 동안 인간, 사회, 자연에 관한 배움을 더하면서 자신만의 가치관과 세계관을 형성한다. 혹자는 어릴 때부터 대학을 졸업할 때까지 교육 기관의 도움을 받아 자신의 세계를 구축한다고 생각할지 모르지만, 이것이 다는 아니다. 이에 못지않게 사회 구성원으로서 삶을 영위할 때에도 계속 배울 수 있다. 요즘처럼 새로운 것들이 많이 생겨난다면 '평생 교육'은 우리가 받아들여야 할 주요 덕목일 것이다.

최근에 주요한 경향 중의 하나는 세계를 영역 구분 없이 이해하려는 시도이다. 세상이 영역별로 나뉘어 있지 않은데, 대학 때 전공한 학문 분과의 눈으로만 세상을 본다면 세상을 제대로 이해할 수 있을까? 여러 영역을 망라해 한 가지 주제로 풀어내는 방법으로, 요즈음 많은 사람의 관심을 끄는 '빅 히스토리'가 이러한 시도이다. 이 책을 통해 독자는 빅 히스토리 '생물' 편에 있는 독특한 시선 하나를 만나게 될 것이다.

생명(과학)에 관한 여러 책처럼, 이 책도 생명의 탄생에서 인간의 출현에 이르기까지를 포괄한다. 최초의 생명, 원핵세포의 출현, 공생의 결과인 진핵세포, 다세포 생물의 진화, 식물과 동물의 진화, 생물의 육상 진출, 척추동물의 의미, 공룡과 포유류의 경쟁, 포유류의 번성, 영장류의 진화, 인간의 출현 등 생명의 역사에서 굵직굵직한 주제가 망라되어 있다.

이 책의 특징은, 우선 독자들이 부담 없이 읽을 수 있도록 쉽게 서술했다는 점이다. 기억하거나 공부해야 할 상세한 내용을 많이 다루지 않는 대신 생물 진화의 역사를 잘 이해할 수 있도록 맥락을 짚는 데 할애했다. 이 맥락을 짚는 시각이 독특하다는 점도 이 책의 중요한 특징이다. 즉, 저자는 객관적인 사실을 패자의 편에서 해석했다. 이 책을 읽다 보면, 패자들이 살아남아 현재 가장 번성한 성공적인 여러 생물이 되었다는 저자의 주장에 적어도 일부는 동의하게 될 것이다.

약육강식의 세계 속에서 일부 단세포 생물들이 생존하기 위하여 미토콘드리아와 엽록체가 된 세균들이 하게 된 내부 공생, 서로 다른 종류의 생물끼리 가능한 여러 공생 양상, 스노볼어스(Snowball Earth, 지구 전체가 적도 부근을 포함해 완전히 얼음에 덮인 상태)처럼 엄혹한 환경을 이겨 나가기 위한 세포들 또는 생물들의 협력, 바다에서의 생존 경쟁에서 밀려 육상에 진출하게 된 동식물들 등은 패자의 입장에서 성공한 생물에 관한 저자의 주장을 증명하는 예라고 할 수 있다.

저자는 논지를 펼쳐 가는 과정에서 생물의 주요한 특징들을 이해하기 쉽게 설명한다. 예컨대 생물계에 있는 여러 공존의 방법을 제시하거나 죽음과 성에 관한 설명에서 죽음이 발명된 이유와 그 의미를 설명했다. 더불어 유성 생식과 유전적 다양성, 대멸종, 비행의 진화, 인간이 출현하기까지 자신만의 논리로 독자들이 쉽게 이해할 수 있도록 적절한 안내자 역할을 한다. 또한 식물 다양성의 진화와 초식 동물과 식물의 공진화에 관한 설명 부분에서는 식물에 대한 폭넓은 지식으로 인해 설득력이 더욱더 높아진다. 니치(niche, 생태적 지위)에 대한 이해를 돕기 위해 저자가 활용한 야구, 마케팅 등의 다양한 시도는 감탄을 불러일으킨다.

그리 많지 않은 분량이지만 많은 배울 점을 안겨 준다. 더구나 바쁜 삶을 살아가느라 하루하루 시간을 쪼개야 하는 많은 직장인에게 이 책은 더 안성맞춤이다. 생물에 관하여 쉽게 교훈을 얻을 수 있도록 설계된 책이어서 '평생 교육'에도 알맞아 보인다. 편안히 뭔가 배우고 싶다면 이 책을 선택해도 후회는 없을 듯하다.

장수철(생물학자)

머리말

패자가 엮은 이야기   38억 년 전

패자! 이 말을 듣는 순간 어떤 생각이 떠오르는가? 싸움에 진 패자는 약한 존재이자 비참하고 불쌍한 존재로 여겨진다. 그런데 과연 그럴까? 생명의 진화를 돌이켜 보면 그런 생각은 너무 단순해 보인다. 생명이 진화해 온 역사는 전쟁의 역사라고도 할 수 있다. 생존 경쟁 속에서 멸종하기도 한다. 생존 경쟁이라는 싸움에 진 패자는 분명 약한 존재이며 학대당한 존재였다. 하지만 38억 년 생명의 역사 속에서 마지막으로 살아남은 것은 항상 패자였다. 그리고 패자에 의해 생명의 역사가 만들어졌다. 정말 이상하게도 멸종된 것은 강자인 승자였다. 우리는 그 진화의 끝에 살아남은 자손이다. 즉 패자 중의 패자다. 시대의 패자들이 어떻게 살아남아 새로운 시대를 개척해 나갔을까. 그것이 이 책의 주제다.

생명은 최초에 어떻게 탄생했을까. 탄생 이야기의 시작은 수수께끼에 싸여 있다. 아무것도 없는 세계에 생명이 탄생했다. 거기는 앞도 뒤도 없다. 가로도 세로도 없다. 거기에는 공간이 존재하지 않는다. 과거도 현재도 없다. 긴 것도 짧은 것도, 시간조차도 없다. 아무것도 없는 세계에 우주가 탄생했다. 137억 년 전의 일이다. 깜깜한 우주 공간에 드디어 태양이 생기고 지구라는 작은 행성이 탄생했다. 46억 년 전의 일이다. 아무것도 없는 우주 공간에 탄생한 작은 행성 지구에 생명이 고동치기 시작했다. 38억 년 전의 일이다.

영화 〈스타워즈〉는 "아주 오래전 저 멀리 은하계 한구석에서는…"라는 대사로 시작한다. 지구에서 생명이 탄생한 것은 아주 작은 사건에 불과했다. 생물은 무생물에서 태어났다. 아무것도 없는 곳에서 무언가가 탄생한 것이다. 영에서 하나가 탄생하는 순간은 언제일까. 영에서 무언가가 탄생한다는 것은 무슨 뜻일까. 생명의 기원은 수수께끼로 가득 차 있다. 이 세상에서 영에서 하나가 탄생하는 일은 거의 일어나지 않는다. 하지만 생명의 탄생은 영에서 하나가 탄생한 큰 사건이었다.

안타깝게도 어떻게 영에서 하나가 탄생하게 되었는지는 여전히 수수께끼다. 생명의 기본을 이루는 것은 DNA다. DNA의 유전 암호에 따라 단백질 합성이 이루어지기 때문에 DNA가 없으면 단백질은 만들어지지 않는다. 그런데 단백질 합성에는 단백질 효소가 필요하다. 즉 단백질이 없으면 DNA는 작용할 수가 없다. 생명의 기원에서 DNA가 먼저였는지, 단백질이 먼저였는지가 큰 수수께끼다. 영에서 하나를 만들어 낸다는 것은 어려운 일이다. 하지만 이미 만들어진 1을 가지고 10까지 만들고, 이를 이용해서 다시 100까지 만들 수 있다.

지구에서 태어난 작은 생명은 다양한 형태로 진화를 이루었다. 대지를 달리는 짐승은 진화를 거듭해 하늘을 나는 새가 되었다. 그러다가 매일 웃고 울고 화를 내고 고민하는 뇌를 가진, 아름다운 음악과 그림을 창조하는 인간으로 진화했다. 하지만 영에서 하나가 탄생할 때만큼의 극적인 변화는 일어나지 않았다. 아무리 새롭게 보이는 것이라도 모든 진화는 기존의 것을 개량하거나 조합해서 만들어진다. 이렇게 만들어진 1이 10이 되고 100이 되기 위해 무엇이 필요할까? 바로 '실수'다. 생명은 단순한 복사의 반복이다. 하지만 복사만 반복해서는 아무런 변화가 나타나지 않는다. 그 과정에서 종종 복사 실수가 발생한다. 이런 실수를 반복하면서 생명은 다양하게 변화해 왔다.

이처럼 실수로 인해 변화가 일어나기 위해서는 오랜 세월이 필요하다. 왜 이런 단순한 구조가 38억 년 동안이나 계속된 걸까. 그리고 어떻게 이런 단순한 구조를 통해서 생물이 다양하게 진화할 수 있었던 걸까. 실수는 실수에 지나지 않는다. 하지만 생명은 실수를 반복했다. 그리고 어느 날, 그 실수가 완전히 새로운 가치를 만들어 냈다. 생명의 진화는 그렇게 반복되었다.

실수 끝에 태어난 생명에 가치가 있는지 없는지는 모를 일이다.
하지만 분명한 점은 생명이 혹독한 환경을 극복하고 이어 올 수
있었던 것은 생명이 실수하는 존재였기 때문이다. 그러한 실수
가 가치 있는 일이었을까? 적어도 생명의 역사는 우리에게 실
수가 중요한 의미였음을 증명하고 있다.

　생명의 역사에는 진실이 있다. 이 책을 통해 그 진실을 알아
가면서 현대를 살아가는 지혜를 배우고자 한다. 생명이 탄생한
지 38억 년, 그 먼 옛날을 거슬러 올라가는 것은 쉽지 않다. 하
지만 지금 우리가 여기에 있다는 것은, 그때 우리의 조상이 이
곳에 존재했다는 뜻이다. 지구에 생명이 탄생한 후 유전자는
끊임없이 이어져 왔다. 그것이 우리의 조부모가 되었고, 다시
우리의 부모에게 계승되어 마침내 우리에게로 이어졌다. 우리
가 지금 여기에 있다는 것은 38억 년 동안 우리의 유전자가 끊
임없이 현재로 이어져 왔다는 가장 중요한 증거다.

　지금부터 38억 년 생명의 역사를 따라가 보자. 이것은 우리
에게 새겨진 DNA를 찾아가는 여행이기도 하다.

차례

감수의 말 **가장 번성한 성공적인 패자의 역사** 004
머리말 **패자가 엮은 이야기** 38억 년 전 007

1장 **경쟁에서 공생으로**   22억 년 전
불가사의한 DNA의 발견 017 | 원핵생물에서 진핵생물로 019 | 약육강식의 기원 021 | 공존의 길 022 | 진핵생물의 등장 023 | 먹어서 공생하다 024 | 경쟁보다 공생 025 | 우리의 조상 원핵생물 027 | 단순한 몸을 선택한 박테리아 029

2장 **팀을 짓는 단세포**   10억 ~ 6억 년 전
다세포 생물의 시작 033 | 무리 짓기의 장점 034 | 세포가 모이는 이유 035 | 해저 도시에 사는 스펀지밥 036 | 다세포 생물의 역할 분담 037 | 복잡한 단세포 생물 038 | 다세포 생물이 태어난 이유 039

3장 **움직이지 않는 전략**   22억 년 전
상상을 초월하는 기묘한 생물 043 | 조상을 추적하다 044 | 공통의 조상에서 태어난 동식물 045 | 움직이지 않는 식물 세포가 획득한 것 046 | 생물이 선택한 세 가지 길 048 | 엽록체의 매력 049

4장 **파괴자인가, 창조자인가**   27억 년 전
SF에 가까운 미래 053 | 맹독인 산소 053 | 새로운 형태의 미생물 등장 054 | 산소의 위협 055 | 산소를 끌어들인 괴물 056 | 산소가 만들어 낸 환경 058 | 급속도로 변화하는 지구 환경 059

5장 **죽음의 발명**   10억 년 전
남자와 여자라는 세계 063 | 라디오 사회자의 현명한 답변 064 | 개체 복사의 한계 065 | 효율적인 교환 방법 067 | 대장균에도 수컷과 암컷이 있다 068 | 다양성의 힘 070 | 성은 왜 두 가지일까 071 | 수컷과 암컷이 만들어 내는 다양성 073 | 수컷과 암컷의 역할 분담 074 | 수컷의 탄생 076 | 위대한 발명, 죽음 077 | 유한한 생명이 영원히 계속된다 079

6장 역경 후의 비약   7억 년 전

입이 먼저일까, 엉덩이가 먼저일까 083 | 성게는 친척? 085 | 학대받은 생명의 역습 085

7장 실패를 딛고 대폭발   5억 5천만 년 전

기묘한 동물 091 | 아이디어의 원천 094 | 세기의 위대한 발명 095 | 달아난 박해자 096

8장 패자들의 낙원   4억 년 전

위대한 한 걸음 101 | 달아나기 전략 101 | 역경을 이겨 내고 104 | 끊임없는 박해 끝에 105 | 미지의 땅에 상륙 107 | 새로운 시대를 만드는 패자 108 | 강자들은 어떻게 되었을까 109 | 살아 있는 화석의 전략 110

9장 개척지로 진출하기   5억 년 전

육상 식물의 조상 115 | 식물의 상륙 116 | 뿌리도 잎도 없는 식물 118

10장 마른 대지에 도전하기   5억 년 전

육상 생활을 제한하는 것 123 | 획기적인 두 가지 발명 124 | 이동할 수 있다는 것 126

11장 생물계의 지배자, 공룡의 멸종   1억 4천만 년 전

다섯 차례의 대멸종 131 | 공룡의 멸종 133 | 생존자들 134 | 소형화의 길을 택한 포유류 136 | 여섯 번째 대멸종 137

12장 공룡을 멸종시킨 꽃   2억 년 전

공룡이 멸종된 이유 141 | 겉씨식물과 속씨식물의 차이 142 | 빨라진 진화의 속도 143 | 아름다운 꽃의 탄생 146 | 나무와 풀, 어느 쪽이 진화한 형태일까 147 | 빨라진 세대교체 149 | 쫓겨난 공룡들 150 | 멈추지 않는 속도 152 | 생명을 단축하는 진화 154

13장 꽃과 곤충의 공생 관계 출현   2억 년 전

공생하는 힘 159 | 속씨식물의 최초 파트너 160 | 과일의 탄생 161 | 조류의 발달 162 | 먹이가 되어야 성공 164 | 공생 관계로 이끈 것 165

14장 구시대적 형태로 살아가는 길   1억 년 전

구조 조정의 선택 169 | 쫓겨난 침엽수 171 | 덜 진화된 형태로 살아가는 길 172

15장 포유류의 니치 전략   1억 년 전

약자가 획득한 것 177 | 생물의 니치 전략 178 | 생존 경쟁의 시작 180 | 서식지 격리 전략 181 | 같은 장소에서 서식지 격리하기 183 | 새로운 니치는 어디에 있을까 184 | 포유류가 세계를 지배할 수 있었던 이유 186 | 멸종되어 가는 것 188 | 비켜 가기 전략 189

16장 하늘이라는 니치   2억 년 전

하늘에 진출하다 193 | 하늘을 정복한 자들 193 | 저산소 시대의 정복자 195 | 하늘을 지배한 익룡 197 | 하늘을 지배하는 것 198

17장 원숭이의 시작   2천 600만 년 전

속씨식물의 숲이 만든 새로운 니치 203 | 원숭이가 획득한 특징 204 | 원숭이의 먹이, 과일 205

18장 역경을 거쳐 진화한 풀   600만 년 전

공룡 멸종 이후 변화된 환경 209 | 왜 유독 식물이 적을까? 210 | 초원 식물의 진화 211 | 몸을 낮추어 스스로 보호하기 212 | 초식 동물의 반격 214 | 초식 동물이 거대한 이유 215

19장 호모 사피엔스는 패자였다   400만 년 전

숲에서 쫓겨난 원숭이 219 | 인류의 라이벌 220 | 멸종된 네안데르탈인 221

20장 진화가 이끌어 낸 답

온리원일까, 넘버원일까 225 | 모든 생물이 넘버원 225 | 니치는 작은 것이 좋다 227 | 싸우기보다 비켜 가기 228 | 다양성이 중요하다 230 | 인간이 만들어 낸 세계 232 | 보통이라는 환상 235

맺음말 결국 패자가 살아남는다 238
참고문헌 245

* 이 책에는 38억 년 전부터 400만 년 전에 이르기까지의 생명의 역사가 서술되어 있다.
  다만 독자들의 이해를 돕기 위해 연대가 순서대로 서술되지 않은 부분도 있다.
* 본문의 '()'안 내용은 번역자가, 각주는 감수자가 작성했다.

1장

경쟁에서
공생으로

22억 년 전

불가사의한 DNA의 발견

세포 안에는 다양한 소기관이 있다. 소기관이 다양한 역할을 분담함으로써 세포가 생명 활동을 하고 있다. 이를테면 리보솜은 단백질을 합성하는 역할을 하고 골지체는 단백질을 가공해서 필요한 곳으로 운반한다. 리보솜이 상품을 생산하는 공장이라면, 골지체는 상품을 포장해서 발송하는 부서인 셈이다. 또 리소좀은 이물질을 분해해서 처리하는 역할을 한다.

소기관 중 중요한 역할을 하는 것으로는 미토콘드리아가 있다. 미토콘드리아는 산소 호흡을 하여 세포 내에서 에너지를 생산한다. 하나의 세포 안에는 수백 개의 미토콘드리아가 존재하면서 생명 활동에 필요한 에너지를 만든다. 또 세포 안에는 세포핵이 있고 그 속에 DNA가 있는데, 이것이 생물에 필요한 모든 유전 정보를 저장하고 있다. 1963년 스웨덴의 생물학자 마기트 나스Margit M.K. Nass 박사는 세포 안에 있는 소기관인 미토콘드리아에 DNA가 있다는 것을 발견했다. 게다가 미토콘드리아에 있는 DNA는 세포핵에 있는 DNA와는 분명히 다른 독자적인 것이었다. 이 DNA를 세포핵 DNA와 구별하기 위해 '미토콘드리아 DNA'라고 한다.

세포는 분열할 때마다 자신의 DNA를 복제하면서 증식한다. 모든 생물은 이처럼 세포 분열을 하면서 성장한다. 미토콘드리아는 세포 내에서 세포 분열에 의해 각각의 세포로 나뉘면서 증식한다. 미토콘드리아가 마치 세포 안에 서식하는 생물처럼 자가 증식을 하는 것이다. 같은 해 미국 컬럼비아 대학의 이시다 마사히로石田正弘 박사가 이와 비슷한 DNA를 식물 세

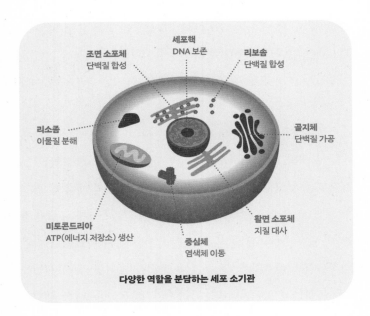

다양한 역할을 분담하는 세포 소기관

포의 엽록체 안에서도 발견했다. 엽록소를 가지고 있는 엽록체
는 식물에 중요한 광합성을 담당하는 세포 소기관이다. 엽록
체도 세포핵 DNA와는 다른 독자적인 엽록체 DNA를 가지고
있어 세포 내에서 증식한다.

그런데 왜 세포 내 소기관인 미토콘드리아와 엽록체가 독자
적인 DNA를 가지고 있는 걸까. 1967년 미국의 생물학자 린
마굴리스Lynn Margulis의 연구에 따르면, 미토콘드리아와 엽록체
는 원래 독자적인 원핵생물이었으나 다른 세포 안에서 공생 관
계를 유지하다가 세포 소기관이 되었다. 즉 '세포 내 공생설'이
다. 세포 안에 서로 다른 생물이 공생한다는 설은 당초에는 기
발한 새로운 학설로 여겨졌지만 지금은 상식적인 정설이 되었다.
그런데 미토콘드리아와 엽록체는 왜 세포 소기관이 되었을까.

원핵생물에서 진핵생물로

생물은 DNA를 저장할 핵이 없는 원핵생물에서 핵이 있는 진
핵생물로 진화했다. 핵이 없는 원핵생물은 박테리아(세균) 같
은 미생물이 대부분이다. 대장균, 유산균 등의 박테리아는 원
핵생물에 속한다. 핵이 있는 진핵생물에는 아메바나 짚신벌레
같은 단세포 생물을 비롯해서, 다세포 생물, 남조류를 제외한

식물, 진핵균류가 있다.

핵을 가지면 두 가지 장점이 생긴다. 첫째, DNA를 핵 안에 저장함으로써 많은 DNA를 가질 수 있다. 이는 흩어져 있는 상태보다 용기에 정리해서 담아 놓으면 많은 양을 담을 수 있는 것과 같은 이치다. 둘째, DNA를 핵 안에 저장함으로써 핵 외부에 다양한 소기관을 가질 수 있다. 그런데 원핵생물에서 진핵생물로 진화하는 과정에서 진핵생물이 다양한 세포 소기관을 발달시켜서 상당히 복잡한 구조가 되었다.

진화 과정에서 도대체 무슨 일이 일어났던 걸까. 원핵생물에

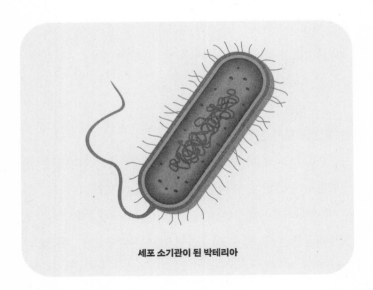

세포 소기관이 된 박테리아

서 진핵생물로 진화되는 과정은 오랫동안 수수께끼에 싸여 있었다. 이 원핵생물과 진핵생물의 차이를 설명한 것이 바로 세포 내 공생설이다.

약육강식의 기원

자연계는 약육강식의 세계다. 강한 자가 약한 자의 고기를 먹는다. 이것이 규칙이다. 백수의 왕 사자는 얼룩말을 덮치고, 매는 쥐를 낚아채 먹이로 삼는다. 플랑크톤은 작은 물고기의 먹이가 되고, 작은 물고기는 큰 물고기의 먹이가 된다. 그리고 큰 물고기는 더 큰 물고기의 먹이가 되고, 더 큰 물고기는 악어나 범고래의 먹이가 된다. 이것이 자연의 섭리다.

약육강식은 언제부터 시작된 걸까. 먼 옛날 공룡 시대에는 초식 공룡이 육식 공룡의 먹이가 되었다. 더 먼 옛날, 아직 생물이 육상으로 진출하지 않았고 바다에 어류가 풍부했던 어류 시대(데본기)에도 약육강식은 있었다. 하지만 어떤 약한 어류들은 잡아먹히지 않기 위해 갑옷처럼 단단한 껍질을 두르고 천적에게서 자신의 몸을 지켰다. 어류가 출현하기 이전, 더 아득히 먼 5억 년 전 고생대의 바다에는 삼엽충이 살았다. 그 시대에도 약육강식은 존재했다. 당시 고생대의 바다에 헤엄쳐

다니는 최강의 육식 동물 아노말로카리스*Anomalocaris*는 주로 갓
탈피한 연약한 삼엽충과 같은 약한 생물을 먹이로 삼았다.

　이처럼 고생대에도 약육강식은 일상이었다. 그렇다면 도대
체 언제부터 생명의 역사가 이렇게 살벌한 모습이 되었을까.
그 기원은 아주 오래전으로 거슬러 올라간다. 놀랍게도 생명이
단세포 생물이었던 시절부터 이미 강한 자가 약한 자를 먹는
약육강식의 세계가 있었다.

공존의 길

단세포 생물 사이에 약육강식의 세계가 펼쳐지고 있었다. 작은
단세포 생물은 큰 단세포 생물의 먹이가 되었다. 그리고 큰 단세
포 생물은 더 큰 단세포 생물의 먹이가 되었다. 그런 세계였다.

　지금도 아메바 같은 단세포 생물은 먹이로 단세포 생물을 잡
아먹을 때 몸 전체로 먹이를 덮쳐서 세포 안으로 집어넣어 소
화시킨다. 하지만 어떤 우연인지 세포 안으로 들어간 단세포
생물이 소화되지 않고 그 세포 안에서 살게 되었다. 아마 미토
콘드리아나 엽록체의 조상은 이렇게 먹이가 되어 큰 세포 안
으로 끌려갔을 것이다.

　미토콘드리아의 조상은 산소 호흡을 하는 세균이다. 우연히

살아남게 된 미토콘드리아의 조상인 생물은 세포 안에서 소화되지 않고 에너지를 생성했다. 또 세포 안으로 끌려 들어간 엽록체의 조상인 생물은 세포 안에서 광합성을 하게 되었다. 결과적으로 미토콘드리아와 엽록체의 조상을 세포 안으로 끌어들인 단세포 생물은 더 많은 에너지를 얻게 되었다.

미토콘드리아와 엽록체 입장에서도 나쁠 건 없었다. 큰 단세포 생물의 몸속으로 들어가서 보호받게 되면 다른 단세포 생물에게서 자신을 보호할 수 있었기 때문이다. 이렇게 해서 큰 단세포 생물과 미토콘드리아나 엽록체의 조상인 생물의 공생 관계가 시작되었다. 이것이 현재 정설이 된 세포 내 공생설이다.

진핵생물의 등장

세포 안에 다른 DNA를 가진 생물과 공생하게 되어 섞이지 않으려면 자신의 DNA를 분리하지 않은 채 둘 수는 없다. 그래서 세포는 세포핵을 만들어서 자신의 DNA를 저장했다. 이렇게 해서 탄생한 것이 진핵생물이다. 어쩌면 진핵생물의 조상이 원래 핵을 가지고 있었기 때문에 DNA를 가진 다른 단세포 생물을 어렵지 않게 끌어들였을 수도 있다. 어쨌든 원핵생물은 진핵생물로 진화하면서 핵을 가지게 되었다. 중요한 것은 핵을

가지게 되면서 다른 생물을 세포 안으로 끌어들인 것이다.[1]

참고로 에너지를 생산하는 미토콘드리아는 동물 세포와 식물 세포 모두에 존재하지만, 엽록체는 식물 세포에만 존재한다. 따라서 미토콘드리아가 엽록체보다 먼저 끌려가 공생을 하게 되었고, 그 후 동물의 조상이 된 단세포 생물과 식물의 조상이 된 단세포 생물로 분리되었으며, 다시 엽록체가 식물의 조상인 단세포와 공생하게 되었다.

먹어서 공생하다

'어떻게 그런 일이 가능하지?'라고 생각하는 사람들이 있을 것이다. 자신이 먹은 것과 몸속에서 공생한다는 것이 정말 가능할까. 그런데 지금도 세포 내 공생설을 떠올리게 하는 현상이 관찰된다. 예컨대 뿔아메바*Mayorella*는 몸속에 클로렐라라는 단세포 생물을 끌어들여 공생한다. 또 무장목Convolutidae에 속하는 편형동물은 몸속에 조류藻類를 끌어들여 공생하면서 광합성으로 얻은 영양분을 이용해서 살아간다. 아가미가 밖으로 나와 있는 나새류Nudibranchia라 불리는 갯민숭달팽이류는 조류

---

1. 미토콘드리아를 받아들여 에너지를 풍부하게 확보한 후 핵을 만들었다는 주장도 있다.

를 먹고사는데 조류의 엽록체는 소화시키지 않고 세포 안으로 보낸다. 그리고 이 엽록체가 몇 개월 동안 광합성을 해서 만들어 낸 포도당을 영양분으로 얻는다.

몸속으로 끌어들인 생물을 자신의 기관처럼 사용한다는 것이 이상하게 느껴질 수도 있다. 정말 그럴까. 우리 몸에는 장내 세균이 있다. 장내 세균은 위장 안에 서식하고 있어 병원균의 침입을 막고, 분해하기 어려운 식이 섬유를 분해하거나 비타민 등의 대사 물질을 생산하는 등 다양한 역할을 한다. 인간이 진화의 정점에 있다고는 해도 장내 세균이 제대로 작동하지 않으면 살아갈 수 없다. 사람의 장 속에는 100조 개에서 1천조 개의 장내 세균이 있다고 한다. 장내 세균은 원래 외부에서 왔다. 우리는 음식을 먹고 입에서 체내로 받아들인 대장균과 공생하고 있다. 인간이 진화의 정점에 있는 존재라며 떠들지만 실제로 우리 몸속에서 일어나는 일은 먼 옛날 단세포 생물들이 공생하는 모습과 별다른 차이가 없다. 자신이 먹은 것과 공생하는 것은 이상한 일이 아니다.

경쟁보다 공생

공생을 하게 되면서 단세포 생물은 빠르게 진화했다. 약육강식의 자연계에서는 눈 깜짝할 사이에 목숨을 잃을 수도 있는 치열한 싸움이 끊임없이 반복된다. 게다가 인간계처럼 규칙이나 법률도 도덕심도 없는 곳이 바로 자연계다. 모든 것이 혹독한 세계다. 그런 세계에서 생물은 서로 돕는 공생 전략을 만들어 냈다. 오늘날에도 자연계에서는 식물인 꽃은 곤충에게 꿀을 주고 곤충은 꽃가루를 운반한다. 새들은 식물의 열매를 먹고 멀리 날아가 씨앗을 배설한다. 진딧물은 달콤한 즙을 만들고, 그것을 받아먹는 개미는 진딧물을 보호한다. 자연계에는 이처럼 서로 이익을 주고받는 상리 공생 현상이 나타난다.

약육강식의 세계에서는 먹고 먹히는 관계가 반복한다. 그런 혹독한 자연계에서 생물은 경쟁하고 싸우면서도 윈윈win-win하는 파트너십을 구축했다. 서로 싸우기보다 서로 도우면 강력한 힘을 발휘할 수 있다. 이것이 혹독한 자연 선택 속에서 생물이 터득한 답이다. 그래서 생물이 최초로 시도한 것이 미토콘드리아나 엽록체의 조상과 세포 내에서 공생하는 것이다.

단세포 원핵생물은 핵도 없는 단순한 생물이다. 그런데 무엇이 이들에게 '서로 돕는다'는 전략을 만들게 했을까. 정답은 알 수 없다. 단세포 원핵생물 중 어떤 것이 공생을 시작했고, 진핵생물이 등장한 바로 그 무렵 지구에서는 대규모의 환경 변화가 일어났다.[2] 바로 스노볼 어스다. 스노볼 어스는 '눈덩이 지구'라고도 한다. 눈덩이 지구는 지구 전체가 얼음으로 덮여 꽁꽁 얼어 버린 상태를 말한다. 대기의 온도가 영하 40도까지 내려가 지구 전체가 얼어 버린다. 지금으로서는 생각할 수 없는 극심한 환경 변화가 지구에 일어났다고 하는 가설이다.

6~8억 년 전에 발생한 눈덩이 지구는 지구상의 모든 생명을 전멸시킬 정도로 거대한 환경 변화였다. 하지만 많은 생명이 사라져 가는 가운데 일부 생명은 깊은 바다 밑이나 땅속 깊은 곳에서 끈질기게 살아남았다. 그리고 이 엄청난 사건이 일어난 후에 미토콘드리아를 삼켜서 공존하는 길을 선택한 진핵생물이 본격적으로 등장한다. 도대체 무슨 일이 있었던 걸까. 진상은 알 수 없다. 놀랍게도 서로 돕는 단세포 생물들이 혹독한 지구 환경을 견딘 것이다. 어쩌면 혹독한 극한의 환경 변화 속에서는 다른 능력을 가진 생물과 서로 돕는 것이 살아남기 위한 효과적인 방법이었을 것이다.

우리의 조상 원핵생물

어떻게 해서 원핵생물에서 진핵생물로 진화하게 되었는지 좀

---

2. 분자계통학의 증거와 화석의 기록에 따르면, 최초의 진핵생물은 19~17억 년 전으로 추산된다.

더 자세히 살펴보자. 최초로 지구에 나타난 생명체는 세포 안에 핵이 없는 원핵생물이다. 원핵생물은 곧 둘로 나뉘었다. 그중 하나가 지금도 주류인 박테리아 그룹이다. 박테리아는 일반적으로 세균이라 불리는데 원핵생물인 세균을 두 가지로 분류할 경우 이를 진정 세균이라고 한다.

다른 하나는 아키아Archaea라는 고세균 그룹이다. 박테리아가 유산균, 대장균, 콜레라균 등의 형태로 우리 주변에서 맹활약하는 데 비해, 고세균은 우리 인간이 보기에는 사소한 존재로 박테리아와 달리 고대의 지구와 비슷한 특수한 환경에서 서식한다.

둘로 분류하기는 하지만 어느 것이 더 오래되었다는 의미는 아니다. 그럼에도 더 원시적인 생명체라는 뜻에서 고세균 또는 원시 세균으로 부른다. 고세균류는 깊은 바다 밑바닥이나 땅속에서 메탄가스를 내뿜는 메탄 세균 등을 예로 들 수 있다. 그 외에도 철을 먹이로 하는 철세균, 열수 분출공(지구 지하에서 뜨거운 물이 솟아 나오는 구멍) 속에 있는 호열성 고세균 등 우리가 보기에도 특수하고 원시적인 환경에 살고 있는 것이 많다.

고세균 중 메탄 생성 고세균이 바로 우리 인류의 조상이다. 메탄 생성 고세균류는 원핵생물과 공생하게 되면서 진핵생물이 되어, 미토콘드리아와 엽록체의 조상을 끌어들여 화려하게 진화했다. 우리의 조상인 고세균은 스스로 영양분을 만들어 내지는 못하고 다른 단세포 생물을 먹는 종속 영양 생물이다. 한편 세포 내로 끌려 들어간 미토콘드리아와 엽록체의 조상은 진정 세균인 박테리아류다. 우리의 세포는 고세균(아키아)과 진정 세균(박테리아)의 컬래버레이션으로 탄생되었다.

단순한 몸을 선택한 박테리아

원핵생물에서 진핵생물로 놀라운 진화가 이루어졌다. 그 후, 진핵생물은 눈부시게 진화하여 다양한 동식물이 되었다. 진핵생물이 지구상에서 번성하는 것과 비교하면 세포핵도 없는 원핵생물은 상당히 원시적이고 시대에 뒤떨어진 생물로 보인다.

그들은 과연 패자였을까. 27억 년 전에 시대에 뒤떨어졌던 원핵생물은 지금도 사라지지 않았다. 지금까지 오래도록 지구의 역사를 살아 내고 있다. 그들은 더 크고 복잡해진 생물의 진화에 저항하며 소박하고 단순한 형태를 계속 유지해 왔다.

원핵생물이 가진 유전자 수는 적다. 그렇기 때문에 유전자를 복사해서 빠른 속도로 증식할 수 있다. 또 적은 유전자를 신속하게 변이시켜 환경 변화에 적응할 수도 있다. 많은 생물이 태어나고 또 많은 생물이 사라져도 박테리아는 여전히 핵을 가지지 않은 단세포 생물인 채로 변함없이 존재하고 있다.

원시 시대부터 현재까지 이어져 온 원핵생물을 오늘날에는 박테리아(세균)라고 한다. 이들은 오늘날에도 멸종 위기에 이르지 않았다. 멸종은커녕 지구 곳곳에서 번창하고 있다. 8천 미터 상공의 대기권에서 수심 1만 천 미터에 이르는 심해까지 박테리아가 분포되어 있다. 수백만 종 또는 수천만 종까지 짐작은 하지만 얼마나 많은 종류가 존재하는지는 알 수 없다. 그만큼 온갖 장소에 박테리아가 존재한다.

박테리아는 우리 일상생활에도 존재한다. 요구르트나 치즈를 만드는 유산균, 청국장을 만드는 고초균도 모두 박테리아다. 콜레라균과 결핵균 등 인간의 생명을 위협하는 병원균에도 많은 박테리아가 존재한다. 그뿐 아니라 인간의 체내에서 공생하는 장내 세균도 박테리아의 일종이다.

그들은 결코 진화의 낙오자도 패배자도 아니다. 단순한 형태와 양식의 몸을 선택한 승리자인 것이다. 만약 지금 지적인 외계 생명체가 지구를 관찰하고 있다면 세계에서 가장 번창하는 것이 박테리아이며, 진화에 가장 성공한 종이라고 할 것이다.

2장

**팀을 짓는
단세포**

10억~6억 년 전

다세포 생물의 시작

단순하고 이해도가 얕은 사람을 일컬어 '단세포 인간'이라는 표현을 사용한다. 단세포 생물은 하나의 세포로 이루어진 생물을 말한다. 아무리 생각이 단순하다고 해도 인간은 분명 다세포 생물이다. 인간의 몸은 70조 개의 세포로 이루어졌다. 즉 많은 세포가 모여서 만들어진 다세포 생물이다.

다세포 생물은 어떻게 만들어진 걸까. 먼 옛날, 단세포 생물은 미토콘드리아 같은 세균과 공생하면서 몸의 구조를 복잡하게 만들어 세포를 확대했다. 그런데 세포를 확대하는 데에는 한계가 있다.[3] 그래서 세포는 모여서 더 큰 덩어리를 만드는 길을 모색한다. 분열된 세포가 떨어지지 않고 모여 있을 수 있다면 세포 하나하나는 작아도 몸집을 크게 만들 수 있다.

---

3. 세포가 커지면 표면적은 제곱으로, 부피는 세제곱의 규모로 늘어나기 때문에 단위 부피당 표면적이 줄어 충분한 영양소와 대사산물을 세포 안에 들이기 어려워진다. 따라서 여기서 단세포 생물이 세포를 확대했다는 것은 세포 크기는 유지한 채 세포의 숫자를 늘리는 방법으로 몸집을 키웠다는 의미로 보아야 한다.

무리 짓기의 장점

오늘날에도 생물은 무리를 지어 다닌다. '약할수록 무리를 짓는다'라는 말처럼 '무리 짓기'는 약한 생물이 살아가기 위해 선택하는 익숙한 수단이다. 또 약할수록 무리를 이루고 싶어 한다. 확실히 약한 생물은 무리를 지어 산다. 작은 정어리는 바다에서 무리 지어 다니면서 큰 물고기를 피해 자신을 보호하고, 얼룩말도 사자가 두려워서 무리를 지어 다닌다.

무리를 지어 다니면 몸을 보호할 수 있다는 장점이 있다. 이를테면 얼룩말이 무리 지어 다니는 것은 천적에 대한 저항 능력을 높일 수 있기 때문이다. 혼자서 주변을 살피는 것보다 여럿이 같이 살피는 편이 천적을 발견하고 대처하기 쉽다. 또 혼자서 풀을 뜯고 있으면 천적에게 표적이 되기 쉽지만 풀을 뜯지 않는 동료가 주변을 살펴 주면 집중해서 먹이를 먹을 수 있을 것이다.

또 무리 지어 다님으로써 습격을 당할 위험이 줄어드는 장점도 있다. 사자에게 습격을 당해도 결국 먹이가 되는 것은 딱 한 마리다. 무리가 습격을 받아도 다른 얼룩말이 많이 있기 때문에 천적의 표적이 될 확률은 아주 적다. 무리 지어 다니면 방어력을 높일 수도 있다. 사향소 무리는 늑대의 공격을 받으면 새끼를 중심에 두고 그 주위에 둘러싸듯이 둥글게 진을 친 다음 바깥쪽을 향해 뿔을 내민다. 뿔은 한 방향만 지킬 수 있지만 이런 식으로 모여서 원을 이루면 360도 방향으로 사각지대 없이 지킬 수 있다.

세포가 모이는 이유

세포가 모이는 이유도 방어력을 높이기 위해서일까. 세포가 하나만 있으면 사방팔방 모든 방향을 혼자서 지켜야 한다. 하지만 세포와 세포가 나란히 붙어 있으면 절반만 지켜도 된다. 더욱이 세포가 모이면 무리 안쪽에 있는 세포는 안전해진다. 세포가 붙어서 덩어리가 커질수록 안쪽 세포가 안전할 확률도 높아진다.

정어리는 방어력이 거의 없는 약한 물고기다. 이렇게 약한 정어리는 천적으로부터 자신을 보호하기 위해 수만 마리의 큰 무리를 이루어 다닌다. 최근에는 큰 수족관에서도 정어리가 무리 지어 다니는 광경을 볼 수 있다. 정어리 떼가 뭉쳐서 '정어리 피시볼fish-ball'을 만들어 이쪽저쪽 일제히 움직이는 모습이 장관이다. 또 먹이를 주면 무리 전체가 소용돌이를 이루며 먹이를 먹는 '정어리 토네이도'는 수족관의 볼거리가 되고 있다.

이들은 일부가 움직이면 무리 전체가 움직인다. 정어리 떼를 보고 있으면 마치 큰 생물 하나가 자신의 의지대로 움직이고 있는 것처럼 보인다. 이런 점도 작은 물고기가 무리를 지어 다니는 효과 중 하나다. 정어리 군집은 이제 하나의 생물이라고 해도 될 것 같다.

세포도 마찬가지다. 세포는 분열을 반복하면서 점차 집합체를 만든다. 원래는 하나의 세포였지만 분열되면서 덩어리가 만들어진다. 많은 세포가 모인 덩어리이지만 하나의 집합체라고 해도 될 것이다. 이렇게 세포가 모여 하나의 몸을 가진 생명체를 만들어 낸다. 이것이 다세포 생물이다.

해저 도시에 사는 스펀지밥

전 세계적으로 사랑받고 있는 미국 만화 〈네모바지 스펀지밥〉의 주인공은 네모나고 노란 스펀지다. 만화의 무대는 가상의 해저 도시로, 그곳에 사는 스펀지인 밥의 동료들은 게와 오징어, 불가사리 등 바다 생물들이다. 스펀지가 왜 바다 생물들과 어울려 살고 있을까. 어쩌면 바다에 버려진 쓰레기일지도 모른다.

스펀지는 해면이라는 바다 생물이다. 스펀지는 다세포 생물로 '해면海綿'이라고 불릴 정도로 부드러운 구조로 되어 있어 식기나 몸을 씻는 데 사용된다. 합성수지로 만든 인공 스펀지는 이 천연 스펀지를 본떠서 만든 것이다.

스펀지, 즉 해면 생물은 단지 세포가 모여 있는 단순한 세포 덩어리다. 원시적인 다세포 생물인 것이다. 스펀지밥의 몸은 구멍이 무수하게 뚫려 있는데, 이것은 세포가 모여 완전한 하나의 몸을 만든 것이 아니라 단순히 세포들이 모여 있어서 그렇다.

다세포 생물의 역할 분담

세포는 처음에는 모여 있기만 했다. 이렇게 같은 종류의 개체가 모여 하나의 몸을 이룬 집단을 '군체'라고 하는데 모여 있는 세포는 점차 각각 역할 분담을 하게 되었다. 예컨대 세포 집단에서 바깥쪽에 있는 세포는 좋든 싫든 집단을 지키는 역할을 해야 한다. 반면에 집단의 안쪽에 있는 세포는 다른 세포에 둘러싸여 있기 때문에 세포를 지키는 일을 하지는 않는다. 바깥쪽 세포에 영양분을 주면서 지원하는 편이 자신의 몸을 지키는 데 더 효율적이다.

이처럼 차츰 역할 분담이 이루어지고 세포끼리 물질을 주고받거나 신호를 보내면서 좀 더 쉽게 이 과정을 완수하게 된다. 이렇게 해서 여러 세포가 연계해서 하나의 생명 활동을 하는 다세포 생물이 탄생했다. 여러 생명이 역할 분담을 하면서 서

로 협력하는 게 이득이 되는 공생 관계를 진핵생물은 미토콘
드리아와 공생함으로써 이미 경험했다.

복잡한 단세포 생물

다세포 생물은 많은 세포가 역할 분담을 함으로써 하나의 생
명체를 구성하게 되었다. 우리 인간은 다세포 생물이다. 우리
몸에서는 새 세포가 계속 생겨나고 낡은 세포가 차례로 죽어
간다. 인간은 죽지 않아도 피부 세포는 계속 죽어서 때가 된다.
머리카락이나 손톱은 죽은 세포로 이루어져 우리 몸에서 떨어
져 나간다. 반대로 인간이 죽으면 위장도 손끝 세포도 결국은
모두 사멸한다. 우리 몸은 약 70조 개의 세포로 만들어졌다. 인
간도 많은 세포가 모여서 만들어진 다세포 생물이다.

　이렇게 해서 다세포 생물은 더 복잡해지고 몸집이 더 큰 생
물로 진화했다. 그런데 지금도 단세포 생물인 채로 이 지구에
살고 있는 생물도 많이 있다. 예컨대 유글레나와 짚신벌레는
단세포 생물이면서 복잡한 기관을 진화시켜 고도의 생명 활동
을 하고 있다. 삿갓말Acetabularia ryukyuensis은 단세포 생물이지만
10센티미터나 되는 거대한 몸을 가지고 있으며 잎사귀 모양의
구조로 발달해 있다.

그런데 애초에 왜 복잡한 구조가 되어야 했을까. 왜 몸이 거대하게 성장해야 했을까. 냉정하게 생각해 보면 단지 살기 위해서라면 세포 하나로도 충분하다. 옛사람들이 말하기를, 만족을 알고 모두 버리라고 했다. 단지 살아간다는 것만을 생각해 보면 사실상 대단한 능력도 높은 지능도 필요하지 않다. 단세포면 충분하지 않을까. 단세포를 바보 취급하지 말라. 단세포 생물은 옛사람들이 말하는 삶의 이치를 깨달은 생물이다.

다세포 생물이 태어난 이유

지구에 다세포 생물이 태어난 것은 언제쯤일까. 아직 밝혀지지 않았지만 다세포 생물의 출현에도 눈덩이 지구가 관계되어 있다고 한다. 지구 전체가 완전히 얼어붙었던 눈덩이 지구가 여러 차례 발생했다는 설이 있다. 최초의 눈덩이 지구는 약 23억 년 전이다. 앞서 소개했듯이 이 눈덩이 지구가 끝난 후 지구에는 진핵생물이 등장했다. 그 후 약 7억 2천만 년 전인 스타티안 빙하기Sturtian glaciation와 약 6억 3천만 년 전인 마리노안 빙하기Marinoan glaciation, 이 두 번에 걸쳐 눈덩이 지구 시기가 도래한다. 그리고 이 빙하기 직후 지층에서 다세포 생물인 화석이 발견됐다.

얼어붙은 지구 환경 속에서 도대체 생물들에게 무슨 일이 일어난 걸까. 생물들은 어떻게 환경 변화를 견디고 살아남았을까. 다양한 상상을 할 수는 있지만 모든 것이 수수께끼다. 어쨌든 큰 변화와 혹독한 환경이 놀라울 정도로 생명을 진화시켰다는 것만은 사실이다. 생명은 역경을 통해 진화를 이룬다.

3장

움직이지 않는 전략

22억 년 전

상상을 초월하는 기묘한 생물

상상력을 발휘해서 최대한 기묘한 생물을 상상해 보자. 머리가 여러 개 있을 수도 있고 눈이 없을 수도 있다. 하지만 우리가 생각할 수 있는 그 어떤 생물보다 기묘한 생물이 있다. 바로 '식물'이다. 식물은 눈도 입도 귀도 없다. 손발도 없고 얼굴도 없다. 돌아다니지도 않고 먹이를 먹지도 않는다. 그런데 태양이 뿜는 빛으로 에너지를 만들어 낸다. 이보다 더 기묘한 생물을 상상할 수 있을까?

식물은 정말 기묘한 생물이다. 고대 그리스 철학자 아리스토텔레스는 "식물은 거꾸로 선 인간이다."라고 말했다. 인간은 영양을 섭취하는 입이 상체에 있지만 식물은 영양을 섭취하는 뿌리가 하체에 있다. 그리고 식물은 생식 기관인 꽃이 상체에 있고 인간은 생식 기관이 하체에 있다. '머리만 감추고 꼬리는 감추지 못한다'는 속담처럼, 머리를 땅바닥에 밀어 넣어 영양분을 섭취하면서 하체는 땅 위로 나와 있기 때문에 생식 기관이 더욱 눈에 띈다. 식물은 그런 생물이다. 식물은 인간과 전혀 다른 모습과 형태를 갖추고 완전히 다른 삶을 살고 있는 생물이다. 이 기묘한 생물인 식물은 도대체 어떻게 태어난 걸까.

조상을 추적하다

설과 추석이 되면 조상에게 제사를 지내기 위해 성묘를 한다. 그런데 조상을 추적해 보면 어디까지 거슬러 올라갈 수 있을까. 3대 전의 조상을 모르는 사람도 있을 것이고 10대가 넘는 가계를 추적할 수 있는 사람도 있을 것이다. 우리는 조상에 대하여 몇 대, 몇십 대 전까지 거슬러 올라갈 수 있을까. 어쨌든 좀 더 거슬러 올라가 보자.

수십만 년 전까지 추적해 보면 인류는 공통 조상에 도달한다. 그리고 2백만 년을 거슬러 올라가면 화석 인류를 포함한 사람속*Homo* 조상에 도달한다. 더 거슬러 올라가면 인류는 침팬지나 오랑우탄 등 유인원과 공통 조상을 가지며 그들과 친척 관계임을 알 수 있다. 유인원은 작은 원숭이에서 진화했고, 원숭이를 비롯한 포유류 조상은 오늘날의 쥐처럼 작은 생물이었을 것이다. 포유류는 파충류의 일부에서 진화했다. 더 올라가면 파충류는 양서류에서 진화했고 양서류는 어류에서 진화했다. 고생대까지 올라가면 새와 도마뱀, 개구리, 물고기와 같은 모든 동물과 인간은 같은 조상에 이른다는 것을 알 수 있다.

조상을 좀 더 추적해 보자. 더 거슬러 올라가 6억 년 전으로 가면 우리 척추동물과 곤충인 절지동물은 공통 조상을 가진다. 이렇게 계속 추적해 올라가면 마침내 동물은 식물과 같은 조상을 가진 단세포 생물에 도달한다. 식물과 동물은 같은 조상에서 갈라진 먼 친척인 셈이다. 가계도에서 시조 또는 초대가 중요하다는 점에서 우리의 조상인 단세포 생물은 정말 훌륭한 존재다. 하지만 공통 조상을 가졌다고는 해도 동물과 식물은 겉모습이나 삶의 방식이 너무 다르다. 동물과 식물은 어떻게 결별하게 되었으며 서로 다른 길을 가게 되었을까.

공통 조상에서 태어난 동식물

27억 년 전 이야기로 되돌아가 보자. 세포가 여러 개 모여서 이루어진 다세포 생물이 아직 태어나지 않았을 때다. 특정 종류의 단세포 생물이 세균과 공생을 시작했을 무렵의 이야기다.

우리의 조상인 단세포 생물은 미토콘드리아의 조상인 세균을 끌어들여 공생을 시작했다. 미토콘드리아는 산소 호흡을 해서 엄청난 에너지를 만들 수 있다. 이렇게 우리의 조상은 산소 호흡을 하는 생물의 길을 걷기 시작한다. 그리고 사건이 일어난다. 미토콘드리아와 공생을 시작한 어떤 단세포 생물이 엽록체의 조상인 생물을 끌어들여 공생하게 된 것이다. 엽록체도 미토콘드리아와 마찬가지로 독자적인 DNA를 가진 독립적인 생물이다. 이것이 식물의 조상이다.

　미토콘드리아와 공생을 시작할 무렵, 동물의 조상과 식물의 조상은 같은 생물이었다. 하지만 엽록체와 공생하게 되면서 식물의 조상은 우리 동물의 조상과는 다른 길을 걷기 시작한다. 동물은 움직이며 돌아다니지만 식물은 움직이지 않는다. 식물은 우리 인간처럼 돌아다니거나 뛰어다닐 수도 없다. 식사도 하지 않는다. "식물은 왜 움직이지 않는 건가요?"라는 질문을 받은 적이 있다. 그 질문을 식물에게 직접 물어보면 식물은 분명 이렇게 대답할 것이다. "인간은 어째서 그렇게 돌아다니지 않으면 살아갈 수 없는 거죠?"

움직이지 않는 식물 세포가 획득한 것

엽록체를 가지게 된 식물 세포는 햇빛을 받으면 광합성을 할 수 있으므로 움직일 필요가 없다. 햇빛만 있으면 되니까 돌아다니면서 쓸데없이 에너지를 낭비하는 것보다 햇빛을 충분히 쬘 수 있는 곳에 자리를 잡으면 된다. 햇빛을 쬐기 좋게 하려면 세포를 나란히 늘어놓고 구조물을 만드는 것이 좋다. 그래서 식물 세포 는 확실한 구조를 구축하기 위해 세포벽을 만들었다.[4]

식물은 움직이지 않기 때문에 세균에게서 도망칠 수 없다. 세포벽은 방어력을 높이는 데도 기여한다. 따라서 동물 세포에 는 세포벽이 없지만 식물 세포에는 세포벽이 있다. 진화하는 과정에서 엽록체를 가지지 못한 채 식물 세포와 이별한 생물 중에도 세포벽을 가진 것이 나타났다. 바로 '균류'다.[5] 균류는 움직이지 않는 식물을 먹이로 삼아, 그 식물이 광합성으로 만 들어 낸 영양분을 빼앗는 생존 방식을 발달시켰다. 그리고 움 직이지 않는 식물과 함께 움직이지 않는 길을 택한 균류의 세 포도 세포벽을 가지게 되었다.

이렇게 해서 움직이지 않는 생활을 하는 생물이 발달하게 된 반면, 균류와 이별한 생물은 움직이는 적극적인 전략을 선택했 다. 즉 방어하는 것이 아니라 주위의 것을 적극적으로 끌어들 여서 소화한 다음, 유해한 것이 있으면 대사와 분해를 거쳐 배 출한다. 이처럼 주위와 적극적으로 물질을 주고받는다면 세포 벽이 없는 편이 낫다. 이것이 바로 동물의 조상이다. 동물과 균

4. 세포벽은 동물의 골격과 같은 역할을 한다. 식물이 모양을 유지하고 땅 위에서 꼿꼿하게 물리적 요인을 비롯한 여러 자극을 견딜 수 있는 이유가 이 세포벽의 존재 때문이다.
5. 균류는 식물보다 동물에 더 가깝다. 즉, 동물과 균류의 조상이 식물과 갈라진 이후에 동물 과 균류는 갈라져 현재에 이르게 되었다.

류는 조금도 닮은 데가 없는 것 같지만 스스로 영양분을 만들지 못하고 다른 생물에 의존해서 영양분을 얻는 것을 보면 분명히 공통점이 있다.

생물이 선택한 세 가지 길

현재 지구상의 진핵생물은 동물과 식물, 균류로 분류된다. 예전에는 크게 동물과 식물 두 가지로 분류되었으므로, 버섯과 곰팡이 등의 균류가 식물에 포함되었는데 현재는 식물과는 다른 계통의 생물로 분류된다.

하지만 동물이든 식물이든 균류든 그 근원을 거슬러 올라가면 공통 조상에 도달한다. 진핵생물의 조상은 스스로 영양분을 만들지 못하고 오로지 다른 생물을 먹어서 영양분을 얻는 종속 영양 생물이었다. 그런데 미토콘드리아를 세포 안으로 끌어들여 공생 생활을 시작한 것이다. 여기까지는 동물과 식물, 균류가 같다. 이 중 엽록체와 공생을 시작한 것이 식물의 조상이되었다. 그리고 엽록체와 공생하지 않은 것 중 세포벽을 선택한 것이 균류의 조상이 되었으며, 세포벽이 없는 것이 동물의 조상이 된 것이다. 식물, 동물, 균류의 기초가 된 진핵생물이 급격히 진화를 이루어 지구에 출현했다. 이것을 '진핵생물의 진화 빅뱅'이라고 한다.

이때 출현한 식물, 동물, 균류의 관계는 어땠을까. 오늘날의 생태계에서 식물은 광합성을 해서 영양분을 만들어 내는 생산자라고 한다. 이에 비해 식물을 먹이로 삼는 초식 동물이나 초식 동물을 먹이로 삼는 육식 동물은 식물이 만들어 낸 영양분에 의존하는 소비자라고 한다. 그리고 균류는 식물과 동물의 사체를 분해해서 영양분을 얻는 분해자라고 한다.

이처럼 식물과 동물과 균류의 작용에 의해 유기물이 순환하는 생태계가 만들어지는 것이다. 진핵생물의 등장과 거의 비슷한 시기에 현재의 생태계를 지탱하는 이들의 세 조상이 함께 나타났다는 것은 뭔가 이상하다.

엽록체의 매력

엽록체를 가지게 되자 식물은 돌아다니면서 먹이를 구하지 않아도 영양분을 얻을 수 있게 되었다. 움직일 필요가 없기 때문에 일정한 장소에 머물면서 계속해서 영양분을 만들었다. 그러자 세포를 크게 만들고 엽록체의 수를 늘려서 영양분을 점점 더 많이 만들어 냈다.

작은 마을의 공장이 비즈니스 모델을 확보해서 규모가 커지듯이, 엽록체를 가진 세포도 규모를 확대해 나갔다. 그러자 커진 세포를 물리적으로 지탱하기 위해 세포 주변을 보강하게 되었다. 그래서 만들어진 것이 세포벽이다.[6]

동물의 조상이 된 단세포 생물은 엽록체와 공생할 수 없었기 때문에 먹이를 찾고 영양분을 얻기 위해 돌아다녀야 했다. 그래서 동물의 조상이 된 생물은 운동 능력을 향상시켰다.

하지만 엽록체와 공생하는 것은 상당히 편리하기 때문에 진화 과정에서 새롭게 엽록체를 끌어들이기 위해 도전한 것도 사실이다. 곰팡이류인 균류는 엽록체를 가지고 있지 않다. 그래서 어떤 균류는 엽록체를 가진 박테리아인 녹조류나 남조류와 공생하는 길을 선택했다. 이것이 균류와 조류의 공생체인 지의류다.

동물 중에도 엽록체를 끌어들여 공생하게 된 것이 있다. 앞서 소개한 나새류(갯민숭달팽이)는 먹이인 조류에서 얻은 엽록체를 세포 안으로 끌어들여, 이 엽록체가 광합성을 해서 만든 영양분을 얻는다. 오늘날에도 엽록체를 몸속으로 끌어들여 공생하는 것은 상당히 뛰어난 전략이다.

6. 생물학에서는 세포벽의 기원에 관해 더 많은 연구가 필요하다.

4장

파괴자인가, 창조자인가

27억 년 전

SF에 가까운 미래

핵전쟁 이후의 지구를 상상해 보자. 풍요로웠던 대지는 방사능으로 오염되고 인류는 멸망의 위기에 처한다. 겨우 생존한 인류는 방사능이 닿지 않는 땅속으로 깊숙이 피해 간신히 살아남는다. 놀랍게도 모든 생명이 사라진 것처럼 보이는 대지 위에는 가득 차 있는 방사능에서 에너지를 흡수하도록 진화된 새로운 생물이 지배하고 있다…. SF 영화에서 묘사되는 세계다.

이미 지구에서는 이와 아주 비슷한 일이 일어났다. 그렇다고 고대 문명인이 지하로 달아나 서식하는 지저인地底人이 되었다는 얘기는 아니다. 이것은 식물 탄생과 관련된 이야기다. 시계 바늘을 조금만 더 되돌려 보자. 식물의 조상인 단세포 생물이 엽록체의 조상을 끌어들이기 직전 무렵의 일이다.

맹독인 산소

생명을 유지하기 위해서는 산소가 반드시 필요하지만 사실상 산소는 맹독성 가스다. 산소는 모든 것을 산화시켜 녹을 만들어 버린다. 철이나 구리 등의 튼튼한 금속조차도 산소에 닿으면 녹슬어 피폐해진다. 산소는 생명을 구성하는 물질도 산화시킨다. 산소가 필요한 우리 인간의 몸도 산소가 너무 많으면 활성 산소가 발생해서 노화가 진행된다. 이처럼 산소는 생명을 위협하는 독성 물질이다.

고대 지구에는 산소라는 물질이 존재하지 않았다. 그런데 27억 년 전에 갑자기 산소라는 맹독이 지구상에 나타났다. 이것을 '대산화 사건GOE, Great Oxidation Event' 혹은 '산소 대폭발 사건'이라고 한다. 산소가 전혀 존재하지 않았던 지구에 어떻게 산소가 출현하게 되었을까. 이는 엄청난 수수께끼다. 그 이유로는 시아노박테리아남세균, Cyanobacteria라는 괴물의 출현 때문이라고 알려져 있다. 시아노박테리아란 도대체 어떤 생물일까.

새로운 형태의 미생물 등장

지구에 생명이 탄생한 것은 38억 년 전이다. 당시 지구에는 산소가 존재하지 않아 금성이나 화성 등의 행성과 마찬가지로 대기의 주성분이 이산화탄소였다. 산소가 없는 지구에 최초로 탄생한 작은 미생물들은 황화수소를 분해해서 소량의 에너지

를 만들어서 살았다. 미생물들에게는 조심스러우면서도 평화
로운 시대가 계속되었다.

　　그런데 평화로운 시대를 뒤흔든 사건이 일어났다. 빛을 이용
해서 에너지를 만들어 내는 유례없는 새로운 형태의 미생물이
나타난 것이다. 그것은 바로 광합성을 하는 시아노박테리아라
는 세균이다. 시아노박테리아의 광합성은 위협적인 시스템이
다. 광합성은 빛 에너지를 이용해서 공기 중의 이산화탄소와 물
로부터 에너지원인 당을 만들어 낸다. 이 광합성 작용으로 생성
되는 에너지는 엄청나다. 그야말로 혁신적인 기술 혁명이 탄생
한 것이다. 다만 광합성에는 결점이 있다. 반드시 폐기물이 발
생한다는 사실이다. 광합성을 하는 과정에서 화학 반응으로 당
을 만들어 낸 후에는 산소가 찌꺼기로 남는다. 산소는 폐기물이
다. 필요 없어진 산소는 시아노박테리아의 체외로 배출된다. 공
해 규제도 없는 시대였으니 산소는 대기 중에 방류된 상태였다.
당시 지구에는 산소가 거의 없었지만 시아노박테리아가 활발
하게 활동함으로써 점차 대기 중의 산소 농도가 높아졌다.

산소의 위협

산소는 생명에게 원래 맹독이다. 지구에서 번성하는 대부분의

미생물은 산소 때문에 사멸했다. 산소 농도가 상승함에 따라 지구상의 생물이 멸종한 사건을 '산소 홀로코스트'라고 한다. 홀로코스트란 제2차 세계 대전 중 나치 독일이 자행한 유대인 대량 학살을 말하는데, 강제수용소에서는 하루에 수천 명씩 독가스로 죽여 화장을 했다고 한다. 다소 위험한 표현일 수 있지만 당시 지구에 사는 미생물의 입장에서 산소 농도가 높아지는 것은 그만큼 무서운 위기로 작용했던 것이다. 그래서 얼마 남지 않은 미생물들은 땅속이나 심해 등 산소가 없는 환경으로 몸을 숨기고 조용히 살아갈 수밖에 없었다.

산소를 끌어들인 괴물

그런데 산소 독으로 인해 사멸되기는커녕 산소를 몸속으로 끌어들여 생명 활동을 하는 괴물이 등장했다. 독을 먹는 김에 독이 담긴 그릇까지 먹어 버린 셈이다. 산소는 독성이 있는 대신 폭발적인 에너지를 만들어 내는 힘이 있다. 말하자면 산소는 양날의 검이다. 위험을 감수하고 이 금단의 산소에 손을 내민 미생물은 유례없는 풍부한 에너지를 만들어 내는 데 성공했다. 이것이 앞에서 소개한 미토콘드리아의 조상이다.

　어떤 단세포 생물은 이 괴물 같은 생물을 끌어들여 자신도 산소 속에서 살아가는 괴물이 되는 길을 선택했다. 이것이 우리의 조상인 단세포 생물이다. 후에 이 괴물은 풍부한 산소를 이용해서 튼튼한 콜라겐을 만들어 몸을 거대화하는 데 성공한다. 그리고 맹독의 산소가 만들어 내는 강력한 힘을 이용해서 활발하게 돌아다닐 수 있게 되었다.

SF 영화에서 묘사되는 핵전쟁 후의 지구를 보면, 엄청난 에너지를 가진 방사능으로 생물이 거대화되어 흉포한 괴수가 된 모습으로 등장한다. 거대화된 몸으로 맹독인 산소를 통해 심호흡하는 인간은 멸종된 미생물이 보기에는 SF 영화에 등장하는 미래의 괴물 같은 존재일 것이다. 그뿐만이 아니다. 이 중 어떤 괴물은 산소를 만들어 내는 시아노박테리아를 끌어들인 후 광합성을 해서 에너지를 생산하는 방향으로 진화했다. 그리고 시아노박테리아는 세포 속에서 엽록체로 변신했고, 엽록체를 얻은 단세포 생물은 훗날 식물이 되었다.

너무 무서운 세계다. 평화롭게 지내던 대부분의 미생물들은 산소로 가득 찬 지구 환경에 적응하지 못하고 사라져 버렸다. 산소로 가득 찬 지구상의 생물은 산소라는 맹독을 내뿜는 식물의 조상인 괴물과 그 산소를 이용하는 동물의 조상인 괴물로 양분되었으며, 이들이 지구를 지배하게 되었다.

산소가 만들어 낸 환경

광합성을 하는 생물들은 산소를 방출해서 지구 환경을 변화시켰다. 시아노박테리아가 만들어 낸 산소는 바닷속에 녹아 있던 철이온과 반응해서 산화철을 만들었다. 그리고 산화철은 바닷속으로 가라앉았다. 이후 지각 변동이 일어나자, 산화철이 퇴적됨으로써 만들어진 철광상이 후에 지상으로 모습을 드러냈다. 아득히 시간이 흐른 후, 지구 역사에 인류가 출현했다. 인류는 철광상에서 철을 얻는 기술을 발전시켰다. 철을 사용하여 농기구를 만들어 농업 생산력을 높였고, 결국 철을 사용해서 무기를 만들어 전쟁을 일으켰다. 이 모든 것이 시아노박테리아 때문이다.

대기 중에 방출된 산소는 지구 환경을 크게 변모시켰다. 산소가 지구로 쏟아지는 자외선을 만나면 오존이라는 물질로 변한다. 시아노박테리아가 배출한 산소는 결국 오존이 되고, 갈 곳 없는 오존은 표류하다가 상공에 가득 차게 된다. 이렇게 만들어진 것이 오존층으로, 이것이 지구 환경을 바꾸어 놓았다. 오존층은 생명의 진화에 뜻하지 않게 중요한 역할을 했다. 예전부터 지구에는 대량의 자외선이 쏟아져 내렸다. 피부의 강적이라고도 하는 이 자외선은 DNA를 파괴하고 생명을 위협할 정도로 유해하다. 살균할 때 자외선램프를 사용하는 것도 이 때문이다. 그런데 오존은 자외선을 흡수하는 작용을 한다. 상공에서 만들어진 오존층이 지상으로 쏟아지는 유해한 자외선을 막아 주는 것이다. 따라서 그때까지 자외선이 쏟아져서 생명이 존재할 수 없었던 지상의 환경은 급변하게 되었다.

결국 바닷속에 있던 시아노박테리아는 식물의 조상과 공생하여 식물이 되어 지상으로 진출하게 된다. 스스로 배출한 산소 덕분에 새로운 거주 장소를 만든 것이다. 그렇게 시아노박테리아는 식물들의 낙원을 만들었다.

급속도로 변화하는 지구 환경

식물은 산소를 배출해서 지구 환경을 격변시킨 환경의 파괴자다. 그런데 이제 지구 환경이 다시 변모하려고 한다. 이번에는 인간이 배출하는 대량의 이산화탄소가 그 원인이다. 인류는 무서운 기세로 석탄과 석유 등의 화석 연료를 태워 대기 속의 이산화탄소 농도를 상승시키고 있다. 게다가 우리가 방출한 프레온가스는 산소로 인해 만들어진 오존층을 파괴하고 있다. 오존층이 파괴되자 차단되었던 자외선이 다시 지표로 쏟아지고 있다. 인류는 지상에 펼쳐진 숲을 벌채함으로써 산소를 만들어 내는 식물을 감소시키고 있다. 생명의 역사 38억 년에 이르러, 진화의 정점에 선 인류가 이산화탄소가 넘쳐흐르고 자외선이 쏟아지는 시아노박테리아 탄생 이전의 고대 지구 환경을 만들어 가고 있는 것이다. 산소 때문에 핍박을 받은 고대 미생물들은 땅속 깊은 곳에서 다시 그들의 시대가 돌아왔다며 흐뭇해할 것이다.

38억 년의 역사를 거치며 지구 환경은 엄청나게 변화를 거듭해 왔다. 그에 비하면 인간의 환경 파괴는 아주 사소한 것일지도 모른다. 시아노박테리아가 출현하기 전, 지구 역사상 최초로 광합성을 하는 미생물이 탄생한 것은 35억 년 전이다. 고대의 바다에서 탄생한 시아노박테리아는 마침내 산소를 퍼뜨려서 오존층을 만들어 낼 때까지, 생명이 최초에 광합성을 한 이래 30억 년의 세월을 보냈다. 또 지상에 진출한 식물이 산소 농도를 높이는 데 6억 년의 세월이 필요했다.

이에 비해 인류의 환경 파괴는 겨우 100년 단위로 발생한다. 이는 광합성으로 인해 지구 환경이 변화되는 속도의 100만 배가 넘는다. 이런 속도로 변한다면 생물들의 진화가 환경 변화를 따라잡을 수 없을 것이다. 결국 많은 생명이 사라질 것이다. 비록 소수의 생물이 살아남는다고 해도 인류가 이 지구 환경의 변화를 견딜 수 있을까. 만약 머나먼 별에서 우주인들이 지구를 관측한다면 인류에 대해 어떻게 생각할까. 인류 스스로를 희생하면서까지 과거의 고대 지구 환경을 되돌려 놓으려는 갸륵한 존재라고 생각하지 않을까.

5장

죽음의
발명

10억 년 전

남자와 여자라는 세계

세상에는 왜 남자와 여자가 존재하는 걸까. 남자와 여자가 있기 때문에 우리는 상당한 에너지와 시간을 낭비한다. 어릴 때부터 이성을 의식해서 남자는 멋있게 보이려고 하고 여자는 사랑스럽게 보이려고 한다.

사춘기 시절에는 좋아하는 사람을 생각하면서 잠 못 드는 밤을 보내고, 연애편지를 몇 번이나 고쳐 쓰기도 한다. 밸런타인데이나 화이트데이가 되면 돈도 필요하다. 또 사랑에 빠지면 공부가 손에 잡히지 않고 동아리 활동에도 집중하지 못한다. 열광하는 아이돌이 텔레비전에 나오면 눈을 떼지 못하고 아이돌의 콘서트에 가거나 CD와 사진집을 구매하는 데 돈을 쓰기도 한다.

어른이 되면 남자는 여자를 사귀기 위해 애쓰고 여자는 외모를 가꾸는 데 돈을 들이게 된다. 그러다가 실연하면 며칠씩 우울한 기분에 빠지기도 한다. 이런 것도 남자와 여자라는 존재가 있기 때문이다.

남자와 여자라는 것은 정말 에너지와 시간이 많이 필요한 낭

비적인 시스템이다. 그런데 인간뿐만 아니라 동물이나 새, 물고기에게도 수컷과 암컷이 존재한다. 벌레도 수컷과 암컷으로 나뉜다. 식물에게도 수술과 암술이 있다. 생물에게는 왜 암수라는 성이 있는 걸까.

라디오 사회자의 현명한 답변

어린이의 소박한 질문에 전문가가 알기 쉽게 대답해 주는 라디오 전화 상담실에는 가끔 아찔한 질문이 들어온다. 어느 날한 어린아이가 이런 질문을 했다. "왜 남자와 여자라는 게 있어요?" 세상에 남자와 여자가 있다는 사실을 어른들은 당연하게 생각하지만 곰곰이 생각해 보면 생물에 꼭 수컷과 암컷이 있어야 할 이유는 없다. 수컷과 암컷이 있다는 것은 참으로 이상한 것이다. 어린아이의 '왜?' 혹은 '어째서?'라는 질문은 대수롭지 않게 들릴 수도 있지만 때로는 본질을 찌르기도 한다. 이 라디오 전화 상담실에서는 과학과 관련된 질문에 전문가인 교사가 알기 쉽게 설명해 주는 점이 매력적이지만 때로는 전문가가 어린이의 천진난만한 질문을 받고 식은땀을 흘리는 경우도 있어서 재미가 쏠쏠하다.

전문가인 교사는 쩔쩔매며 대답했다. "○○어린이는 X염색체와 Y염색체라는 것을 알고 있나요?"라고 말했지만 어린이가 그런 것을 알 리가 없다. 라디오로 듣고 있지만 도무지 모르겠다는 아이의 표정이 눈에 선하다. 어색한 분위기가 이어지고 있을 때 사회자가 참지 못하고 이렇게 말했다.

"○○어린이는 남자들끼리만 노는 거랑, 남자와 여자가 다 같이 노는 것 중 어느 쪽이 재미있어요?"

"다 같이 노는 게 재미있어요…."

"그래요, 그래서 남자와 여자가 꼭 필요한 거예요."

"아하."

아이는 그제야 알았다는 듯 활기찬 목소리로 대답을 하더니 전화를 끊었다. 나는 사회자의 답변에 진심으로 감탄했다. "남자와 여자가 있으면 재미있다." 이것이 바로 생물의 진화가 수컷과 암컷을 탄생시킨 이유다.

개체 복사의 한계

수컷과 암컷이 있는 것은 자손을 남기기 위해서라고 생각할지도 모르지만 수컷과 암컷이 없어도 자손을 남길 수 있다. 옛날 지구에 태어났던 단세포 생물은 암수 구별이 없이 단순히 세포 분열을 해서 증식했다. 실제로 지금도 단세포 생물은 세포 분열로 증식한다. 다만 세포 분열을 해서 늘어나는 것은 원래의 개체를 복사하는 것이다. 따라서 아무리 증식해도 원래 개체와 같은 성질의 개체가 증식할 뿐이다.

하지만 모든 개체가 성질이 같을 경우 만약 환경이 변해서 생존에 적합하지 않은 환경이 되면 전멸해 버리는 일도 일어날 수 있다. 반면에 만약 다양한 성질의 개체가 존재할 경우, 환경이 변해도 그중 하나는 살아남을 수도 있다. 따라서 환경 변화를 극복하기 위해서는 같은 성질의 개체가 늘어나는 것보다 성질이 다른 개체가 늘어나는 것이 살아남는 데 유리하다. 그러면 어떻게 하면 자신과 다른 성질을 가진 자손을 늘릴 수 있을까.

생명은 유전자를 복사하면서 증식하지만 정확하게 복사하는 것은 아니다. 생명은 의도적으로 오류를 일으켜서 변화를 시도한다. 하지만 오류로 인해 일어나는 변화는 매우 작고 이로 인해 일어난 변화가 더 나은 변화일 가능성은 크지 않다. 환경이 엄청나게 변화하면 생물도 그만큼 엄청나게 변화해야 한다. 그러면 어떻게 하면 자신을 엄청나게 변화시킬 수 있을까. 자신이 가지고 있는 유전자만으로 자손을 만들려고 하면 자신과 같거나 자신과 비슷한 성질을 가진 자손만 만들 수 있다. 만약 자신과 다른 자손을 만들려고 하면 다른 개체에서 유

전자를 받을 수밖에 없다. 즉 자신이 가진 유전자와 다른 개체
가 가진 유전자를 교환하면 된다.

이를테면 단세포 생물인 짚신벌레는 일반적으로 세포 분열
을 해서 증식한다. 하지만 그렇게 할 경우 자신의 복사본만 만
들 수 있다. 그래서 짚신벌레는 두 개체가 만나면 몸을 붙여 유
전자를 교환한다. 이렇게 해서 유전자를 변화시키는 것이다.

효율적인 교환 방법

자신에게 없는 것을 요구해서 유전자를 교환해야 하는데 힘들
게 노력해서 유전자를 교환해도 자신과 같은 상대와 유전자를
교환한다면 효과가 적다.

예컨대 인맥을 넓히기 위해 어떤 모임에 참석했다고 가정해
보자. 모임에 가면 모두 넥타이에 양복 차림이다. 하는 일도 취
향도 알 수 없다. 오며가며 인사를 나누지만 나중에 명함을 모
아서 확인해 보니 모두 같은 업계의 사람들뿐이다. 이럴 경우
나름대로 동업자 인맥으로 활용할 수도 있겠지만 다른 업종의
사람들을 만나기 위해 모임에 참석한 의미는 사라진다.

그렇다면 겉모습으로 알 수 있게 하면 어떨까. 예를 들어 음
식점 관계자는 빨간 리본을 단다. 건축업 관계자는 노란색 리

본을, IT 관계자는 녹색 리본을 단다. 이렇듯 리본 색이라도 바꿔 보는 것이다. 그리고 다른 색 리본을 단 사람들과 명함을 교환하도록 규칙을 정하면 다른 업종끼리 명함을 교환하는 목적을 효율적으로 달성할 수 있을 것이다.

즉 무턱대고 엉뚱한 개체와 교환하는 것보다 그룹을 만들어서 다른 그룹과 교환하는 것이 효율적인 방법이다. 짚신벌레는 두 개체가 접합해서 유전자를 교환한다고 앞서 말했다. 그런데 짚신벌레는 몇 가지 유전자가 다른 그룹이 있으며, 다른 그룹끼리 접합해서 유전자를 교환한다고 한다.

수컷과 암컷이라는 두 그룹도 같은 구조다. 리본 색이 다른 그룹이 교류해서 인맥을 넓히는 데 성공하듯이, 수컷과 암컷이라는 그룹을 만들면 유전자 교환을 더욱 효율적으로 할 수 있다. 수컷과 암컷이라는 그룹화는 이렇게 해서 만들어졌다.

대장균에도 수컷과 암컷이 있다

세상에는 남자와 여자가 있고 생물에는 수컷과 암컷이 있다.[7] 당연하다고 생각할지도 모르지만 이것은 생물이 진화하는 과정에서 얻게 된 우수한 시스템이다. 그러면 수컷과 암컷은 이 지구상에 언제쯤 탄생한 걸까. 그에 대한 명확한 답은 없다. 하지만 오래전에 수컷과 암컷이라는 시스템이 만들어진 것은 틀림없다. 앞에서 소개한 짚신벌레도 그룹을 만들어 유전자를 교환한다. 암수가 있는 것은 아니지만 암수의 기원에 가깝다고 할 수 있다.

단세포 생물에는 암수가 없는 것으로 알려졌지만 미국의 조슈아 레더버그Joshua Lederberg 박사가 대장균에 암수가 있다는 사실을 발견해서 세상을 놀라게 했다. 생물은 미토콘드리아와 공생함으로써 핵을 가진 진핵생물로 진화했다. 대장균은 그런 진화 계열에 오르지 않은 세균이다. 단순한 생물로서, 크기는 1미크론도 안 된다. 1미크론은 1밀리미터의 1천 분의 1에 불과한 크기다.

같은 단세포 생물 중에서도 짚신벌레는 100미크론 정도이며, 대장균은 짚신벌레의 100분의 1 크기에 불과하다. 짚신벌레는 작지만 육안으로 볼 수는 있다. 만약 짚신벌레가 170센티미터 정도라면 대장균은 1.7센티미터다. 그 정도로 크기에 차이가 있다.

이토록 작은 대장균에도 암수가 있다. 대장균에는 F 인자를

---

7. 큰 생식 세포인 난자를 가지면 암컷, 작은 생식 세포인 정자를 가지면 수컷이다. 저자는 이에 대해 뒤에서 언급하고 있는데, 저자가 여기서 세균이 유전자를 받거나 주는 역할을 각각 암과 수로 정의한다고 해서 이를 예컨대 암컷을 유전자를 받는 역할과 동일시해서는 안 된다.

가지는 F 플러스 개체와 F 인자가 없는 F 마이너스 개체가 있다. F 플러스 개체는 F 마이너스 개체에 플라스미드라는 DNA 분자를 옮겨 놓을 수 있다. 유전자를 교환하는 것이 아니라 일방통행으로 유전자를 보내는 것은 동물의 정자나 식물의 꽃가루와 마찬가지다.[8] 즉 대장균에는 암수가 있다.

다양성의 힘

독자 여러분은 이상하다고 생각할 수도 있을 것이다. 생물에게 가장 중요한 것은 자신의 유전자를 다음 세대에 전달하는 것이다. 세포 분열로 자신을 복사한다면 자신의 유전자를 100퍼센트 자손에게 남길 수 있다. 하지만 다른 개체와 유전자를 교환할 경우, 자신의 유전자와 상대방의 유전자를 절반씩 다음 세대의 자손에게 남기게 된다. 따라서 자신의 유전자를 자손에게 50퍼센트만 남길 수 있다.

자신의 유전자를 남기기 위한 목적을 생각해 보면 다른 개체와 교환하는 것은 결코 유리한 방법이 아니다. 그런데도 많은 생물들은 수컷과 암컷이 어우러져 자손을 남긴다. 이렇게 하는

---

8. 모두 적용되지는 않는다. 양서류나 어류 등의 동물은 모두 몸 밖으로 유전자가 담긴 생식 세포인 난자를 방출한다.

이유는 남길 수 있는 유전자가 절반이 되어도 이점이 있기 때
문일 것이다.

다른 개체와 유전자를 교환하는 장점 중 하나는 '다양성'을
만들어 낼 수 있는 것이라고 앞서 언급했다. 자신의 유전자를
100퍼센트 물려받은 자손을 만들었다고 해도 그 자손이 환경
변화를 극복하지 못한 채 사라져 버리면 아무것도 남기지 못
하게 된다. 그와 달리 성질이 다른 다양한 개체를 남기면 어떤
것은 살아남는다. 자신의 유전자를 절반만 물려받은 자손이라
고 해도 아무것도 남기지 못하는 것에 비하면 훨씬 이득이 있
다. 그래서 생물의 진화는 수컷과 암컷을 만들어 냈다. 그 진화
의 끝에 있는 우리는 남자와 여자의 관계를 고민해야 한다.

성은 왜 두 가지일까

여전히 의문은 있다. 그룹을 만들면 유전자를 효율적으로 교환
할 수 있다. 그런데 왜 수컷과 암컷 두 그룹밖에 없을까. 만약
수컷과 암컷 이외에도 많은 그룹을 만들면 더 다양하고 풍부
하게 유전자를 교환할 수 있지 않을까.

예컨대 앞에서 언급한 짚신벌레는 두 개의 유전자 그룹이 있
는데 이 두 그룹끼리만 접합이 이루어진다. 이것은 수컷과 암

컷의 관계와 아주 비슷하다. 하지만 같은 종인 애기짚신벌레는
3개의 유전자 그룹이 있는데, 그룹이 다르면 어떤 조합이든
접합할 수 있다. 즉 이 종은 3개의 성을 가지고 있다고 할 수
있다.

　단세포 생물인 점균류에는 성이 13종류가 있고, 섬모충에
는 성이 30종류나 존재한다. 즉 성은 수컷과 암컷이라는 2종
류로만 구분되어야 하는 것은 아니다. 실제로 다세포 생물 중
에도 3가지 성을 가지는 것이 있다.

　털줄뾰족코조개벌레라는 생물의 성은 3종류다. 각 성은 SS,
Ss, ss로 표기하는데, SS와 Ss는 암컷이고 ss가 수컷에 해당하
며 암컷인 SS와 Ss끼리 결합해서는 자손을 얻을 수 없다고 한
다. 따라서 털줄뾰족코조개벌레의 성은 암컷과 수컷 2종류라
고 해도 될 것이다. 수컷과 암컷 2종류에서 수컷과 암컷은 거
의 절반씩 태어난다.

　3종류 이상의 그룹에서는 어떨까. 각각의 그룹이 유전자를
골고루 교환하지 않으면 그룹의 수가 유지될 수 없다. 만약 교
잡하는 그룹이 편향되어 있다면 교잡할 수 없는 그룹은 점차
사라질 것이다. 그리고 그룹의 수가 감소해서 결국 2종류가 될
수도 있다. 실제로 수컷과 암컷이라는 두 그룹만 있으면 충분
히 유전자를 교환할 수 있기 때문에 성을 3가지 이상으로 늘리

는 것은 별로 의미가 없다.

수컷과 암컷이 만들어 내는 다양성

그러면 수컷과 암컷이라는 2가지만으로 다양성을 충분히 유지할 수 있을까?

일본의 역사를 살펴보면, 옛날 도요토미 히데요시의 부하 중 소로리 신자에몬이라는 사람이 있었다. 소로리 신자에몬은 공훈을 세운 상으로 쌀 한 톨을 갖고 싶다고 간청했다. 그리고 100일 동안 하루 지날 때마다 쌀의 수를 두 배로 늘려 달라고 부탁했다.

"아무런 욕심이 없는 놈이구나!" 도요토미 히데요시는 웃으며 그 소원을 들어줬다. 그런데 100일이 지나자 소로리 신자에몬은 약속한 상을 받으러 왔다며 창고 안의 쌀을 모두 실어 내 도요토미 히데요시를 항복시켜 버렸다.

첫째 날에 한 톨이었던 쌀은 둘째 날에는 두 톨, 셋째 날에는 네 톨이 되었다. 이렇게 매일 두 배씩 늘어나 9일째가 되자 512톨, 10일째는 1천 24톨이 되었다. 그리고 한 달 후에는 10억 톨이 넘었고, 100일 후에는 천문학적인 숫자가 되어 버렸다. 제곱수를 얕봐서는 안 된다.

인간은 23쌍의 염색체를 가지고 있다. 아이는 부모에게서 1쌍의 염색체 중 각각 하나를 물려받는다. 2개의 염색체에서 어느 하나를 가져오는 것이다. 이 단순한 작업으로 도대체 어떤 종류의 조합이 만들어질까. 이 결과는 2의 23승이 되어 놀랍게도 조합의 수는 838만 종류가 넘는다. 이것이 아버지와 어머니의 각각에서 일어나므로 838만×838만이면 70조가 넘는 조합이 만들어진다. 현재 세계 인구는 70억 명이다. 한 쌍의 부모에게서 현재 인구의 1만 배나 되는 다양한 자손을 만들 수 있다.

게다가 염색체가 감수 분열을 할 때 재조합이 일어난다. 실제로 인간의 유전자는 2만 개나 되며 일부 이들 사이에서 재조합을 일으킨다. 이렇게 계산해 보면 수컷과 암컷이라는 두 종류의 성만으로도 무한에 가까운 다양성을 만들어 낼 수 있다.

수컷과 암컷의 역할 분담

다양성을 높이고 계속 변화하기 위해 생물은 수컷과 암컷이라는 시스템을 만들었다. 하지만 이상하다. 왜 수컷이 만들어진 걸까. 일단 수컷은 새끼를 낳지 않는다.

예컨대 짚신벌레는 접합해서 유전자를 교환한 후, 두 개체가 세포 분열을 해 나간다. 그런데 수컷과 암컷이 유전자를 교환한 후 자손을 늘리는 것은 암컷뿐이다. 번식 효율을 생각해 보면 수컷은 어쩐지 쓸모없다는 생각이 든다. 암컷과 암컷이 유전자를 교환해서 양쪽 암컷 모두 새끼를 낳으면 출생하는 자손의 수는 두 배가 된다. 그런데 왜 자손을 낳지 않는 수컷이라는 존재가 만들어진 걸까.

생물에게 암수라는 성이 만들어졌을 때 처음부터 수컷 개체와 암컷 개체가 만들어진 것은 아니다. 원래 생물로 만들어진 것은 생식 세포로서의 수컷 배우자와 암컷 배우자다. 일반적으로 수컷 배우자는 '정자'라고 하고, 암컷 배우자는 '난자'라고 한다. 수컷 배우자와 암컷 배우자를 조합해서 효율적으로 유전자를 섞어서 새로운 성질을 가진 자손을 만든다. 이것이 생물이 진화되는 과정에서 만들어진 시스템이다.

몸집이 큰 배우자가 영양분을 풍부하게 가질 수 있기 때문에 생존에 유리하다. 따라서 큰 배우자 쪽이 인기가 있다. 큰 배우자와 짝이 된다면 생존할 수 있는 가능성이 높기 때문이다.

그렇다고 무조건 클수록 좋은 것은 아니다. 배우자가 크면 이동하기 힘들기 때문이다. 유전자를 교환하고 자손을 남기기 위해서는 일단 배우자끼리 만나야 하는데 몸집이 너무 크면 잘 이동할 수 없다. 하지만 인기 있는 큰 배우자는 상대가 다가

오기 때문에 별로 움직일 필요는 없다. 따라서 큰 배우자는 움직이지 않아도 짝을 만들 수 있다.

그러면 상대적으로 작은 배우자는 어떻게 해야 할까. 인기 없는 배우자는 그냥 기다리기만 해서는 짝을 이루지 못할 가능성이 높다. 자신이 원하는 배우자에게 먼저 다가가야 한다. 이동하려면 몸집이 큰 것보다 작은 것이 더 유리하다. 그래서 작은 배우자는 오히려 몸을 작게 해서 이동 능력을 높였다. 이렇게 해서 큰 배우자는 더 커지고 작은 배우자는 더 작아져서, 몸이 큰 암컷 배우자와 몸이 작은 수컷 배우자가 탄생한 것이다.

수컷의 탄생

수컷 배우자가 몸집을 작게 만들면 생존율은 낮아진다. 그래도 수컷 배우자는 암컷 배우자가 있는 곳으로 이동하는 것을 우선으로 생각한다. 수컷 배우자는 암컷 배우자를 위해 유전자를 운반하는 존재가 된 것이다. 이렇게 해서 수컷 배우자는 단지 유전자를 운반하고, 암컷 배우자는 유전자를 받아서 자손을 남기는 역할 분담이 생겼다.

생물은 유전자를 효율적으로 교환하기 위해 수컷과 암컷이라는 두 그룹을 만들었는데, 이는 수컷 배우자와 암컷 배우자를 말한다. 이처럼 수컷 개체와 암컷 개체라는 존재가 나타난 것은 생물의 진화 역사에서 상당히 고도로 진화된 것이다. 어떤 개체가 수컷 배우자와 암컷 배우자를 가지고 있다면 그 개체는 자손을 낳을 수 있다. 수컷 배우자만 있어서 자손을 남기지 못하는 수컷이라면 그런 존재는 쓸모없다.

그런데 수컷 배우자만 만드는 수컷 개체를 만들면 더 많은 수컷 배우자를 만들 수 있다. 반면 수컷 배우자를 만들지 않고 암컷 배우자만 만드는 암컷 개체를 특화함에 따라 더 많은 자손을 남길 수 있도록 생식 기관이 발달하고 번식 능력이 높아졌다. 따라서 수컷과 암컷 개체를 구분할 필요가 생겼다. 이렇게 자손을 낳지 못하는 수컷이라는 특별한 존재가 탄생했다.

위대한 발명, 죽음

생물의 진화에서 성에 대한 발명은 또 하나의 위대한 발명을 만들었다. 바로 죽음이다. 죽음은 38억 년에 이르는 생명의 역사 속에서 가장 위대한 발명 중 하나라고 할 수 있다.

하나의 생명이 단순히 복사를 되풀이하면서 계속 증가한다면 환경의 변화에 대응할 수 없다. 더욱이 복사 실수로 인한 열화劣化 현상(복사 과정에서 필수 특성이 떨어지는 현상) 나타난다. 그래서 생물은 복사를 하는 것이 아니라 일단 파괴해서 다시 새것으로 만드는 방법을 선택했다. 하지만 완전히 파괴해 버리면 원래대로 되돌리기는 힘들다. 그래서 생명은 두 가지 정보를 합쳐서 새로운 것을 만드는 방법을 생각해 냈다. 그것이 바로 '성'이다.

세균이나 아메바 같은 원시적인 원핵생물에는 성이 없다. 단지 세포 분열을 해서 증식할 뿐이다. 세포 분열을 해서 증식해도 원래 세포와 같은 세포가 증가할 뿐이다. 원핵생물은 세포 분열을 무한 반복하는데, 세포 분열을 반복한다고 해서 세포가 늙어서 피폐해지지는 않는다. 그리고 세포는 증가해도 사멸하지 않으므로 원핵생물은 영원히 죽지 않는다고도 할 수 있다.

하지만 같은 단세포 생물이라도 짚신벌레 같은 진핵생물은 다르다. 이미 소개했듯이 짚신벌레는 명확한 성이 있는 것은 아니지만, 성의 기초가 되는 것으로 보이는 그룹화가 되어 있어서 그룹끼리 유전자를 교환한다.

짚신벌레는 분열 횟수가 유한해서 700회 정도 분열하면 수명이 다해서 죽는다. 하지만 죽을 때까지 다른 짚신벌레와 접합해서 유전자를 교환하면 새로운 짚신벌레가 되어 다시 태어난다. 그러면 분열 횟수가 초기화되어 다시 700회의 분열을 할 수 있다. 이렇게 탄생한 짚신벌레는 원래의 짚신벌레와 다른 개체다. 따라서 이것이 새로운 짚신벌레가 되고 원래 개체는 죽었다고 할 수 있다. 이렇게 해서 진핵생물은 '죽음'과 '재생'이라는 구조를 만들어 냈다.

유한한 생명이 영원히 계속된다

유전자를 교환함으로써 새로운 것을 만들어 낸다. 그리고 새로운 것이 생겼으므로 낡은 것은 없앤다. 이것이 죽음이다. 죽음 또한 생물의 진화가 만들어 낸 발명이다. 죽음이라는 시스템은 성이라는 시스템의 발명에 의해 도출된 것이다.

'형태가 있는 것은 언젠가는 사라진다.'라는 말이 있듯이 이 땅에 영원히 계속되는 것은 없다. 수천 년, 수만 년 동안 계속 복사만 하면서 영원한 시간을 살아가기란 쉽지 않다. 그래서 생명은 영원히 계속되기 위해 스스로를 파괴하고 새롭게 다시 만드는 것을 생각해 냈다. 즉 하나의 생명은 일정 기간 내에 죽고 대신 새로운 생명을 잉태하는 것이다.

새 생명을 잉태해서 자손을 남기면 생명의 바통을 넘겨주고 자신은 물러난다. 죽음이라는 것을 발명함에 따라 생명은 세대를 넘어 생명의 릴레이를 이어 가면서 영원할 수 있게 되었다. 영원하기 위해 생명은 유한한 생명을 만들어 낸 것이다.

6장

역경 후의 비약

입이 먼저일까, 엉덩이가 먼저일까

"엉덩이로 들이마시고 입으로 뱉는 것은?" 이 수수께끼의 정답은 무엇일까? 정답은 담배다. 우리에게 입은 주로 뭔가를 집어넣는 기관이며 엉덩이는 주로 뭔가를 배출하는 기관이다. 따라서 이런 수수께끼가 성립한다. 물론 이 수수께끼에서 엉덩이란 담배 필터를 말한다.

7억 년 전 눈덩이 지구가 끝난 후 지구에 번성했던 다세포 생물을 에디아카라 생물군이라고 한다. 에디아카라 생물군은 다양하게 진화했는데 대부분은 해파리와 말미잘 같은 단순한 생물이었다. 해파리나 말미잘에게 앞의 수수께끼를 내면 당황할 것이다. 먹이를 흡수하기 위한 입을 가진 해파리와 말미잘은 먹이를 소화한 뒤에는 찌꺼기를 다시 입으로 배출한다. 즉 해파리나 말미잘에게 입은 먹는 기관이자 동시에 배출하는 기관이다.

그런데 입 하나로 먹이를 먹기도 하고 배설물을 쏟아 내기도 하는 경우, 일단 먹이를 입속에 넣으면 다음에 맛있는 먹이가 눈앞에서 지나가도 입속에 들어 있는 먹이를 소화할 때까지는 더 이상 먹을 수가 없다. 눈앞에 먹이가 보여도 계속해서 먹을 수는 없는 것이다. 그렇게 되면 너무 불편하다. 먹이를 먹고 배설하는 것이 입에서 엉덩이 쪽으로 한 방향으로 진행된다면 계속해서 먹이를 먹을 수 있다. 그래서 생물은 구멍을 관통시켜서 한 개의 통 모양으로 진화했다.

어떤 그룹은 원래의 입을 그대로 안쪽으로 관통시키고 새로 구멍을 만들어 항문으로 삼았다. 이런 그룹을 선구동물이라고 한다. 또 다른 그룹은 원래의 입을 배출하기 위한 항문으로 삼고, 새로 만든 구멍을 먹이를 빨아들이는 입으로 삼았는데 이 그룹을 후구동물이라고 한다. 선구동물이든 후구동물이든 통 모양의 몸을 만들었다는 결과는 같다. 접근하는 방법이 완전히 다르지만 결국에는 모두 통 모양의 몸이 되었다. 원래의 입을 입으로 할지 엉덩이로 할지, 겨우 이 정도 발상의 차이가 이 두 그룹의 진화를 크게 나누게 된다.

원래의 입을 입으로 삼은 선구동물 그룹은 문어와 조개 등의 연체동물이 되었고, 마침내 새우와 게, 곤충 등 몸 바깥쪽에 딱딱한 외골격을 가진 생물이 되었다. 반면에 새로운 구멍을 입으로 삼은 후구동물 그룹은 역발상으로 몸의 중심부에 딱딱한 내골격을 가진 생물이 되었다. 이 후구동물이 바로 뼈를 가진 척추동물 그룹이다.

성게는 친척?

과학 교과서에는 성게알의 발생 과정을 소개하는 경우가 있다. 성게는 인간과 같은 후구동물 그룹이므로 인간을 비롯한 척추동물과 성게의 발생 과정이 비슷하다. 따라서 성게는 연구 재료로도 많이 이용되고 있다. 실제 유전 정보를 해독한 결과, 성게는 인간과 같은 2만 3천 개의 유전자를 가지고 있으며 그중 70퍼센트가 인간과 공통점이 있다고 한다.

성게는 바깥쪽이 단단한 껍질로 덮여 있기 때문에 외골격을 가진 생물처럼 보이지만 그 딱딱한 껍데기 바깥쪽에 표피가 덮여 있다. 이것은 몸의 가장 바깥쪽에 외골격이 있는 새우나 곤충과는 다르고, 뼈 위에 피부가 덮여 있는 인간과 같다. 즉 성게의 딱딱한 껍데기는 표피 아래에 있는 내골격이다. 성게는 뼈를 가지고 있는 것은 아니지만 내골격을 마치 외골격인 것처럼 발달시켰다. 이는 표피 내부에 단단한 내골격을 가진 후구동물에서 유래한다는 점에서는 인간과 공통된다.

학대받은 생명의 역습

앞서 소개했듯이 지구가 얼어붙은 스노볼 어스 직후부터 갑자기 다세포 생물이 출현하기 시작했다. 이들은 단순히 다세포이기만 한 것이 아니다. 이 다세포 생물들은 이미 복잡한 구조의 거대한 몸집을 지닌 에디아카라 생물군이다. 단세포 생물이었다가 불과 짧은 기간 동안 급격하게 진화한 에디아카라 생물군 중에는 놀랍게도 딱딱한 골격을 가진 생물과 길이가 1미터가 넘는 거대한 생물까지 있었다고 하니 놀랍다. 어쨌든 스노볼 어스로 인해 방해를 받았던 생명이 지구 온도가 상승하자 그때까지의 울분을 터뜨리기라도 하듯 단번에 진화한 것이다. 다세포 생물은 어떻게 이처럼 단번에 진화한 걸까.

얼어붙은 지구에서 생명은 극히 한정된 장소에 갇혀 있었을 것이다. 겨우 살아남은 집단에서 여러 가지의 돌연변이가 발생하면 집단이 작기 때문에 유전자를 교환하는 과정에서 돌연변이 유전자가 집단 속으로 널리 퍼진다.[9] 이것이 반복되면서 숨을 죽이고 있는 작은 집단 속에 다양한 유전적 변이가 축적되었을 것이다. 물론 이 작은 집단에 변이된 능력을 발휘할 기회는 없다. 말하자면 굴복하고 기다려야 할 때다. 하지만 생명들은 확실하게 유전자 변이의 다양성을 축적해 갔다. 스노볼 어스가 끝나고 지구가 온난화되자 생명들은 축적된 다양한 유전적 변이를 활용해 자유자재로 변화하면서 엄청나게 진화하기

---

9. 돌연변이는 대부분 해롭다.

시작했을 것이다.

생명은 최초의 스노볼 어스로 진핵생물이 되었고, 두 번째 스노볼 어스로 다세포 생물로 진화했다. 그 진화는 극적이며 놀라운 속도로 이루어졌다. 역경 속에서 멍하니 가만 있을 수는 없다. 준비가 되어 있어야 기회가 왔을 때 도약할 수 있다.

7장   **실패를 딛고
대폭발**

기묘한 동물

3장에서는 기묘한 생물 중 식물을 소개했다. 그러면 동물의 범주에서는 어떤 것이 있을까. 외계 생물이라도 괜찮다. 가능한 한 기묘한 동물을 상상해 보기 바란다.

지구의 역사를 거슬러 올라가 보면 SF 영화에 등장하는 괴물보다 더 이상한 생물들이 갑자기 잇달아 출현한 시대가 있었다. 바로 5억 4천 200만 년 전 고생대 캄브리아기다. '캄브리아 폭발'이라고 불린 일대 사건이다.

물론 실제로 폭발이 일어난 것은 아니다. 캄브리아기에 마치 폭발하듯이 다양한 생물종이 갑자기 출현한 것이다. 이 시대에 현재 분류학상 동물문에 해당하는 생물의 기본형이 모두 나왔다. 지금의 생물로 이어지는 기본적인 형태는 모두 이때 등장했다. 그리고 지금으로서는 상상도 할 수 없는 다양한 모습의 생물도 출현했다. '예술은 폭발이다.'라고 말할 수 있는 시대였다.

캄브리아 폭발로 출현했던 기묘한 생물들을 소개한다.

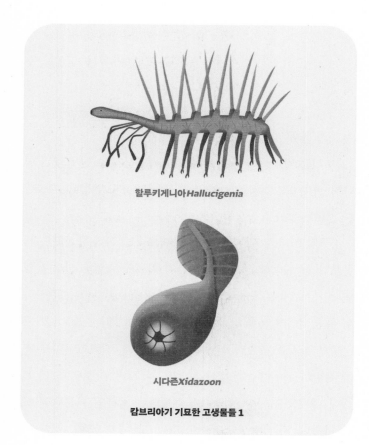

할루키게니아 *Hallucigenia*

시다준 *Xidazoon*

캄브리아기 기묘한 고생물들 1

일러스트에서 보는 것처럼 이런 기묘한 동물들이 캄브리아기 지구의 주인이었다. 안타깝게도 지금은 이들 대부분을 볼 수 없다. 아이디어는 질이 아니라 양으로 승부한다. 아이디어

오파비니아*Opabinia*

위왁시아*Wiwaxia*

캄브리아기 기묘한 고생물들 2

가 많이 나와야 뛰어난 디자인이 탄생할 수 있다. 시행착오가 필요하다. 캄브리아기는 다양한 형태의 생물이 출현하면서 시행착오를 겪은 시대다.

아이디어의 원천

왜 이렇게 많은 생물종이 갑자기 출현하는 급격한 진화가 일
어난 걸까. 그 요인 중 하나는 앞서 소개한 스노볼 어스다. 스
노볼 어스로 폐쇄된 환경에 있었던 생물들은 작은 집단 속에
서 유전적 변이의 다양성을 축적해 갔다. 이렇게 축적된 변이
가 다세포 생물의 급격한 진화를 이끌어 에디아카라 생물군을
낳았다. 이후 캄브리아 폭발로 이어져 새로운 생물들이 출현하
기 시작했다. 엄청나게 번성했던 에디아카라 생물군도 캄브리
아기가 시작되자 멸종해 버린다. 에디아카라 생물군이 멸종한
이유는 수수께끼에 싸여 있다. 거대한 화산 폭발 때문이라고도
하고, 캄브리아 폭발에 따라 새롭게 진화한 생물에게 포식되었
기 때문이라고도 한다.

캄브리아 폭발로 새로운 생물이 출현한 것은 생물 세계에서
포식이 시작됨에 따라 야기된 것으로 짐작된다. 캄브리아 폭발
시기에는 다른 생물을 먹이로 삼는 포식자가 출현했다. 포식자
로부터 자신을 보호하기 위해 생물은 다양한 아이디어로 방어
수단을 발달시켰다. 어떤 생물은 딱딱한 껍데기로 몸을 감싸
고, 어떤 생물은 날카로운 가시로 포식자를 위협했다. 그러자
포식자는 이런 방어벽을 깨기 위해 강력한 무기를 가지게 되
었다. 그러자 이번에는 약한 생물이 포식자에게서 자신을 보호

하기 위해 방어 수단을 더욱 발달시켰다.

이런 상황이 반복되면서 생물은 급속하게 진화했다. 공격하는 자와 방어하는 자의 대항, 일종의 군비 경쟁이 된 것이다. 군비 경쟁에 따라 변화와 선택이 반복되었다. 이 변화의 속도를 따라잡지 못하는 생물은 멸종했다. 즉 치열한 경쟁이 진화를 이끌어 낸 것이다.

세기의 위대한 발명

이 시점에서 의문을 갖는 독자들이 있을 것이다. 먹고 먹히는 약육강식은 작은 단세포 생물이었을 때부터 있었다. 그런데 왜 이 시기에 군비 경쟁이 치열해진 걸까. 그 배경에는 혁신적인 발명이 있었을 것으로 짐작된다. 그것이 바로 '눈'이다.

우리는 오감을 통해 다양한 정보를 얻을 수 있는데 그중에서도 시각으로 얻을 수 있는 정보가 압도적으로 많다. 소리나 냄새가 없어도 눈이 있기 때문에 주변의 상황을 샅샅이 파악할 수 있다.

눈은 아주 뛰어난 장기다. 생물이 최초로 획득한 것은 작은 눈이었다. 하지만 작은 눈의 시야는 한정되어 있다. 이런 점을 보충하기 위해서 작은 눈을 여러 개 모으게 되었는데, 이것이 오늘날 곤충에게서 볼 수 있는 복안(겹눈)이다.

눈은 생물에게 혁신적인 무기다. 포식자가 눈을 가지고 있으면 먹이를 찾아내 정확하게 덮칠 수 있다. 방어하는 입장에서도 눈은 쓸모 있다. 눈이 있으면 적이 습격해 오는 것을 재빨리 알아차리고 도망치거나 숨거나 방어 태세를 취할 수 있기 때문이다.

싸움을 할 때는 적을 포착하기 위한 정보 수집이 필요하다. 말하자면 눈은 정보 수집에 유효한 레이더인 셈이다. 눈이 없는 포식자는 먹이를 잡을 수가 없어 굶어야 한다. 눈이 없는 생물은 포식자에게 결국 먹이가 되어 버린다. 이러한 눈의 출현에 따라 생물의 군비 경쟁은 더욱 치열해졌다.

달아난 박해자

외적에게서 몸을 지킬 수 있는 최대의 방어 방법은 몸의 바깥쪽을 딱딱하게 만드는 것이다. 선구동물은 외골격을 발달시켜 딱딱한 껍데기로 몸을 감쌌다. 이렇게 해서 탄생한 것이 새우와 게, 곤충 등 절지동물의 조상이다. 캄브리아 폭발에 따라 생물로 넘쳐나는 바다를 지배한 것은 절지동물이었다.

외골격으로 몸을 감싼 것은 처음에는 방어하기 위해서였다.

그런데 딱딱한 외골격이 공격력을 높이는 데도 크게 기여했다. 외골격을 발달시키고 껍데기 속에 근육을 발달시킴으로써 힘과 속도를 높일 수 있었던 것이다.

캄브리아기에는 1미터나 되는 포식 동물 아노말로카리스가 번성했고, 캄브리아기에 이어 오르도비스기에는 2미터가 넘는 바다 전갈이 출현했다. 이렇게 거대한 절지동물이 생태계의 정점에서 바다를 지배했던 것이다.

강력한 생물이 우글거리는 무법 지대에서 나약한 생물들은 어떻게 살아남았을까. 나약한 생물 중에는 외골격을 발달시키는 주류 방어법과는 다른 아이디어로 진화한 생물도 있었다.

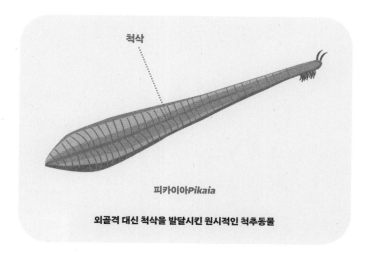

척삭

피카이아*Pikaia*

외골격 대신 척삭을 발달시킨 원시적인 척추동물

그것은 몸의 내부에 척삭이라는 딱딱한 구조를 발달시켜 몸을 지탱하는 방법이다. 이것은 외골격과 대비해서 내골격이라고 한다.

몸의 바깥쪽은 유연하기 때문에 몸을 비틀면서 헤엄칠 수 있다. 이 척삭을 움직이면 헤엄치는 속도를 더욱 높일 수 있다. 이처럼 척삭을 가진 동물은 강대한 적을 피해 도망칠 수 있는 민첩성을 확보했다. 삼십육계 도망치는 것이 최상의 방법이다. 그야말로 싸우지 않고 도망치기만 하는 무리들이다.

이 나약한 생물이 바로 우리 척추동물의 조상이다. 척삭을 가진 생물은 이 척삭을 튼튼하게 해서 결국 뼈로 만들었다. 그리하여 척추동물이 탄생한 것이다.

8장

패자들의
낙원

위대한 한 걸음

최초로 육지에 상륙한 척추동물은 원시 양서류다. 필사적으로
체중을 지탱하면서 느릿하지만 힘차게 손발을 움직여 육지로
올라간 양서류. 눈빛은 미지의 프런티어를 꿈꾸는 의지로 가득
차 있다. 인류 최초로 달에 내린 미국의 우주비행사 닐 암스트
롱은 이런 말을 남겼다. "이것은 한 인간에게는 작은 한 걸음이
지만 인류에게는 위대한 도약이다."

상륙에 성공한 양서류는 어떤 생각을 했을까. 어쨌든 이들의
한 걸음이 이후 우리 척추동물의 번성으로 이어지는 위대한
한 걸음이었던 것은 틀림없다. 그런데 척추동물의 육상 진출이
정말 이런 용기 있는 프런티어에 의해 이루어진 걸까.

달아나기 전략

고생대에는 온갖 생물이 진화를 이루어서 지구에 드넓게 펼쳐
진 넓은 바다는 생명으로 넘쳐 났다. 다양한 종이 출현해서 풍

부한 생태계를 만들어 냈던 것이다. 하지만 생태계라는 것은 먹거나 먹히는 관계다. 멀리서 보면 풍요로운 바다로 보일 수도 있지만 그곳에서 살아남는 것은 결코 쉬운 일이 아니다.

이 무렵, 바다를 지배한 것은 거대한 앵무조개였다. 물고기들은 앵무조개의 먹이가 되었다. 또 어류 중 머리와 몸통 앞부분이 딱딱한 골질판으로 덮여 있는 갑주어가 출현했다. 갑옷처럼 딱딱한 골질의 껍질로 몸을 감싼, 엄청나게 강해 보이는 갑주어의 최대 무기는 턱이다. 그때까지의 물고기란 지금의 칠성장어처럼 턱이 없는 물고기였다. 하지만 갑주어는 강력한 턱을 가지고 있어 물고기를 잡으면 우적우적 잘게 씹어 버린다. 그야말로

바다를 지배한 앵무조개

무적이다. 생태계의 정점에 선 갑주어 중에는 6미터가 넘는 거대한 몸으로 유유히 헤엄치는 것도 있었다고 한다.

번성과 쇠퇴를 반복하는 생명의 역사를 거쳐 마침내 상어 같은 대형 연골 어류가 나타났다. 상어는 바다의 왕자인 갑주어

턱이 없는 칠성장어

던클리오스테우스*Dunkleosteus*

갑옷처럼 딱딱한 껍질로 덮인 갑주어

의 지위를 빼앗아 버렸다. 바닷속 역시 힘이 지배하는 약육강식의 세계였다.

힘에서 밀린 약한 물고기들은 어떻게 되었을까. 먹이가 될 수밖에 없는 약한 물고기들은 천적에게서 달아나 강 하구의 기수역汽水域으로 쫓겨난다. 기수역은 해수와 담수가 섞이는 구역으로, 삼투압이 달라서 바다에 서식하는 천적도 쫓아올 수 없기 때문이다. 하지만 바다를 거처로 삼았던 물고기들에게 그곳은 가혹한 환경이었다.

역경을 이겨 내고

싸움에 패하여 쫓겨난 약한 물고기들은 기수역으로 달아났다. 하지만 그곳은 물고기가 생존할 수 없는 혹독한 환경이다. 수없이 도전해 봤지만 많은 물고기들은 기수역의 환경에 적응하지 못하고 사멸했을 것이다.

기수역에서 가장 문제가 되는 것은 염분의 농도 차이 때문에 생기는 삼투압이다. 염분 농도가 높은 바다에서 진화한 생물의 세포는 삼투압이 바닷속 염분 농도와 비슷한 상태다. 만약 세포 바깥쪽이 염분 농도가 높으면 세포 안의 물이 세포 바깥으로 녹아서 빠져나간다. 반대로 세포 바깥쪽의 염분 농도가 낮으면 세포 내의 염분을 희석하기 위해 물이 세포 안으로 침입해 들어간다.

따라서 물고기들은 염분 농도가 낮은 물이 몸속으로 들어오는 것을 막기 위해 비늘로 몸을 지키게 되었다. 또 외부에서 들어온 담수를 체외로 배출해서 체내의 염분 농도를 일정하게 유지하기 위해 신장을 발달시켰다.

그 외에도 바닷속은 생명 활동을 유지하기 위한 칼슘 등의 미네랄 성분이 풍부한데, 기수역에는 이런 성분이 부족하다. 그래서 물고기들은 체내에 미네랄을 축적하기 위한 저장 시설을 마련했다. 그것이 바로 뼈다. 뼈는 몸을 유지할 뿐 아니라 미네랄을 축적하는 기관이기도 하다. 이렇게 해서 탄생한 것이 단단한 뼈를 가진 경골어다.

이런 변화를 일으키기 위해 도대체 얼마나 많은 시간이 필요했으며, 도대체 얼마나 많은 세대를 거친 걸까. 세대를 넘어 수없이 도전한 결과 물고기들은 역경을 이겨 내고 조상의 간절한 소원이었던 기수역으로 진출했다.

끊임없는 박해 끝에

하지만 지배자에게서 달아나 이르게 된 기수역마저도 그들에게는 안주할 수 있는 곳이 아니었다. 강력한 적을 피해 달아난 물고기들에게는 기수역이 신천지가 되었다. 하지만 이곳에서는 새로운 생태계가 만들어졌다. 강한 물고기가 약한 물고기를 먹이로 삼는 약육강식의 세계가 된 것이다.

물고기들은 천적을 피해 달아났지만 그중에도 강한 자와 약한 자가 존재한다. 그래서 더 강한 물고기가 생태계의 상위를 차지하게 되었다. 상대적으로 약한 물고기는 이곳에서도 먹이가 되어야 하는 공포에서 벗어날 수 없었다. 박해받은 약한 물고기들 중에서 더 약한 물고기는 염분 농도가 더 낮은 강 하구로 침입하기 시작했다. 물론 그곳에서도 약육강식의 세계가 구축되었다.

약한 물고기들 중에서도 더 약한, 약자 중의 약자는 아무리 달아나도 나타나는 천적에게 쫓기면서 신천지를 찾아 강 상류로 흘러갔다. 그중에는 어차피 먹이가 될 수밖에 없다면 바다도 마찬가지라는 듯이 다시 바다로 돌아가는 물고기도 나타났다. 연어와 송어 등이 강을 거슬러 올라가 산란을 하는 것은 이들이 담수를 기원으로 하기 때문이라고 한다.

얕은 여울에서 헤엄치는 민첩성을 발달시킨 물고기들은 바다에 돌아온 후에도 상어 등에게서 자신을 지키기 위해 수영을 익혔다. 그래서 바다에서 서식할 수 있게 되었다. 기수역으

로 쫓겨나 진화한 경골어는 강과 호수를 서식지로 하는 담수
어와 바다에서 서식하는 해수어로 나뉘었다.

미지의 땅에 상륙

양서류의 조상은 대형 어류다. 더 약한 소형 어류는 민첩성을
발달시켜 탁월한 수영 실력을 길렀다. 반면 원래 대형 어류였
던 양서류의 조상은 민첩성을 발달시키지 않았다. 한가롭게 헤
엄치는 느릿느릿한 물고기다. 그러다가 수영 실력이 뛰어난 새
로운 물고기들에게 서식지를 빼앗겼을 것이다. 그래서 얕은 바
다로 쫓겨났다.

대형 어류는 얕은 여울을 헤엄치지는 못하지만 큰 몸으로
힘차게 지느러미를 움직일 수는 있다. 그래서 물 밑으로 걸어
갈 수 있도록 지느러미가 다리처럼 진화했을 것이다. 그러다
가 얕은 여울에서 차츰 육지 위로 활로를 찾아 간다.

물론 양서류의 조상이 갑자기 육지로 올라가 땅 위에서 생
활하기 시작한 것은 아니다. 대체로 물속에서 살았지만 수위가
낮아지면 다른 곳으로 이동하고, 물속에 먹이가 없으면 물가에
서 먹이를 구하기도 했다. 적에게 습격을 당하면 안전한 땅 위
로 달아나기도 했다. 이처럼 육상이라는 환경을 조금씩 이용하

면서 차츰 물속과 땅 위를 자유롭게 이동할 수 있는 양서류로 진화했다.

새로운 시대를 만드는 패자

땅 위라는 신천지를 얻은 물고기는 어떤 물고기였을까. 이들의 조상은 바다에서 생존 경쟁에 패하여 기수역으로 진출한 물고기들이었다. 경골어류로 진화한 물고기들 중 더 약한 것은 강으로 침입했다. 그중에서 더 약한 물고기들은 강 상류로 쫓겨났다. 이 과정은 이를테면 최약자를 결정하는 토너먼트 경기같은 것이다.

싸움에 계속해서 패배한 물고기는 결국 강 상류를 서식지로 삼았다. 강을 서식지로 삼은 물고기들 중에서 작은 물고기는 민첩하게 헤엄치는 실력을 키웠다. 반면에 빨리 헤엄칠 수 없는 느릿느릿한 대형 어류는 물이 얕은 곳으로 쫓겨났다. 그런데 강 상류로 쫓겨난 물고기가 결국 땅 위로 상륙해서 양서류로 진화했고, 이 양서류가 파충류와 공룡, 조류, 포유류의 조상이 되었다. 자연계는 정말 재미있는 세계다.

역사는 승자의 기록이라는 옛말이 있다. 그러면 생명의 역사는 어떨까. 생명의 역사를 돌이켜 보면 결국 진화를 이룬 자는 쫓겨나 박해받은 약자들이었다. 새로운 시대는 항상 패자에 의해 만들어졌다.

강자들은 어떻게 되었을까

약한 물고기를 기수역으로 쫓아내고 넓은 바다를 자신의 것처럼 지배한 것은 상어류였다. 상어는 어땠을까. 상어는 구시대 어류의 특징이 지금도 남아 있는 '살아 있는 화석'이다.

상어는 진화한 경골어류에서 볼 수 있는 비늘이 없다. 상어의 피부는 작은 돌기가 돋아난 단단한 껍질로 덮여 있을 뿐이다. 그리고 미네랄을 축적할 수 있는 고도로 분화된 결합 조직인 뼈가 없다. 따라서 기수역에서 진화한 물고기를 경골어류라고 하는 반면, 상어와 가오리는 연골어류라고 한다. 진화한 경골어류는 다종다양하게 진화해서 강과 호수, 바다 곳곳으로 분포를 넓혀 갔다. 현재 상어와 가오리를 제외한 어류는 대부분 경골어류다.

약자였던 물고기는 강이라는 신천지를 발견한 이후 엄청나게 진화했다. 하지만 무적의 왕자였던 상어는 자신을 변화시킬 필요가 없었다. 그래서 오늘날에도 예전의 형태를 그대로 유지하고 있다. 모두 진화해야 하는 것은 아니며, 상어는 오늘날에도 성공한 어류다. 하지만 역경에 처하면 새롭게 진화를 이루 게 된다는 사실은 틀림없을 것이다.

살아 있는 화석의 전략

고지식한 기질을 가진 사람을 '살아 있는 화석'이라고 부르기 도 한다. 누군가에게 이러한 표현을 한다면 그다지 좋은 의미 로 사용하지는 않았을 것이다. '발전하지 못하고 구시대 그대 로'라는 뜻을 담고 있기 때문이다. 이 말을 최초로 사용한 것은 진화 학자 찰스 다윈이다. 생물의 세계에서 '살아 있는 화석'이 라는 것은 태고 시대의 모습을 지금도 그대로 간직하고 있는 생물을 말한다.

상어도 살아 있는 화석이다. 4억 년 전 데본기 화석에서 발 견된 바닷물고기 실러캔스는 1938년 남아프리카 연안에서 포 획되어 지금도 생존해 있는 것이 확인되었다. 또 같은 데본기 에서 생존한 것 중 폐어가 있다. 폐어는 아가미 호흡이 아니라 폐 호흡을 하기 때문에 물이 없는 곳에서도 살 수 있다. 폐어 같은 물고기가 양서류로 진화했을 것이다.

그 외에도 고생대부터 생존 경쟁에서 살아남은 대표적인 화 석으로는 바퀴벌레와 흰개미, 투구게, 앵무조개가 있다. 놀랍게도 이들 생물은 몇억 년 동안 거의 진화하지도 않고 옛날 그 대로의 모습으로 살고 있다. 그들은 시대에 뒤떨어진 구시대적 인 존재일까. 아무리 구시대적인 형태라도 현재 존재하고 있다 는 것은 그들이 치열한 생존 경쟁을 이겨 낸 뛰어난 승자임을 의미한다. 오히려 바퀴벌레와 흰개미의 경우, 현대인조차도 이 들에게 항복할 정도로 현대 사회에서 번성하고 있지 않은가.

　반드시 변해야 하는 것은 아니다. 변화할 필요가 없으면 변 하지 않아도 된다. 일반적으로 진화라고 하면 엄청나게 변화한 모습에만 이목이 집중되는 경향이 있다. 지금의 스타일이 최고 라면 변하지 않는 것이 최고의 진화가 된다. 살아 있는 화석이 그렇게 가르쳐 주는 듯하다.

9장

개척지로
진출하기

육상 식물의 조상

양서류의 조상인 어류가 땅 위로 상륙한 것은 생물 진화 중 엄청난 사건으로 묘사된다. 그런데 당시 땅 위에는 이미 식물이 자라고 있었다. 식물이 척추동물보다 훨씬 빨리 이 개척지로 진출했다. 지구에 생명이 탄생한 뒤 생명은 줄곧 바닷속에서 살았다. 그런데 5억 년 전쯤 맨틀 대류가 일어나 거대한 대륙이 나타나기 시작했다. 그러자 바다에서 살고 있던 생명은 이 광활한 개척지를 목표로 삼게 되었다. 대지가 펼쳐지자 최초로 진출한 것이 식물이다. 지금의 육상 식물의 조상은 조류의 일종인 녹조류라고 한다. 녹조류는 얕은 바다에 분포한다.

바닷속 조류로는 녹색을 띤 녹조류, 갈색을 띤 갈조류, 붉은색을 띤 홍조류 등 여러 종류가 있다. 녹조류가 녹색으로 보이는 것은 녹색 빛을 흡수하지 않고 반사하기 때문이다. 즉 녹색 이외의 청색과 적색의 빛을 흡수해서 광합성을 한다. 광합성을 하는 데 가장 효율적인 것은 청색과 적색 빛이다. 따라서 빛이 닿는 얕은 여울에 서식하는 녹조류는 청색과 적색의 빛을 흡수해서 광합성에 이용한다. 참고로 물은 적색을 흡수한다. 따라서 깊은 바닷속 바다에는 붉은빛이 닿지 않는다. 빛금눈돔과 쏨뱅이 등 바다 깊은 곳에 서식하는 물고기가 선명한 붉은색을 띠는 것은 바다 밑에는 붉은빛이 닿지 않기 때문이며, 몸이 붉은색을 띠면 바다 밑에서 자취를 감출 수 있다.

따라서 물속에 있는 갈조류는 청색 빛을 흡수해서 광합성을 한다. 수면에 식물 플랑크톤이 있으면 청색 빛이 흡수되어 버려, 광합성을 하기 위한 청색 빛이 닿지 않게 된다. 따라서 홍조류는 어쩔 수 없이 광합성 효율이 나쁜 녹색 빛을 흡수한다. 오늘날 육상 식물의 잎이 녹색인 이유는, 청색과 적색 빛을 광합성에 이용하는 녹조류가 조상이기 때문이다. 대륙이 융기하자 얕은 여울이 마르기 시작했고 얕은 여울에 있는 녹조류는 차츰 육지 생활에 적응을 할 수밖에 없었다.

식물의 상륙

광합성을 하는 녹조류에게는 빛을 마음껏 쬘 수 있는 육지가 매력적인 환경이었다. 다만 육지는 생물에게 유해한 자외선이 쏟아진다는 문제가 있었다. 그런데 이 문제는 식물 스스로의 작용으로 개선되었다. 바닷속에 있는 식물들이 방출하는 산소 때문에 상공에는 점차 오존층이 형성되었고, 이 오존층이 자외선을 흡수함으로써 자외선이 육상으로 쏟아지는 것을 막아 주었기 때문이다.

이렇게 모든 준비는 끝났다. 만반의 준비를 갖춘 식물은 드디어 땅 위로 상륙했다. 식물이 상륙한 것은 고생대 실루리아기인 4억 7천 년 전이다. 양서류의 조상인 어류가 상륙한 것이 데본기인 3억 6천 년 전이므로 식물이 1억 년 이상 빠르다.

최초로 상륙한 식물은 이끼식물을 닮은 식물이었다. 이끼는 몸의 표면으로 수분과 영양분을 흡수한다. 이는 물속에 있는 녹조류와 같다. 따라서 이끼는 몸 주변이 건조해지지 않도록 하기 위해 물가에서만 자랄 수 있다. 그 후 육상 생활에 적합하도록 더욱 진화한 것이 양치식물이다. 양치식물은 줄기를 발달시켰다. 물속에서는 몸을 지탱해 주는 구조가 필요 없었지만 육지에서는 몸을 지탱하기 위한 튼튼한 줄기가 필요했기 때문이다.

또 양치식물은 건조한 환경에 견딜 수 있도록 체내의 수분을 보호하기 위한 단단한 표피를 발달시켰다. 다만 표피를 발달시키면 수분이 체외로 나가는 것을 막을 수 있기는 하지만, 그 대신 외부에서 수분을 흡수할 수 없다. 그래서 수분을 흡수하기 위한 뿌리와, 뿌리로 흡수한 수분을 몸속으로 전달하기 위한 통로 역할을 하는 헛물관을 발달시켰다.

관다발을 발달시켜 몸속에 물을 효율적으로 운반함으로써 양치식물은 가지를 무성하게 만들 수 있게 되었다. 가지가 무성해지면 많은 잎이 달려서 광합성을 할 수 있다. 이렇게 해서 양치식물은 거대하고 복잡한 몸을 가질 수 있게 되었다.

뿌리도 잎도 없는 식물

최초의 양치식물과 비슷한 특징을 가진 것이 솔잎난이다. 근거 없는 소문을 '뿌리도 잎도 없는 소문'이라고도 하는데 솔잎난에는 실제로 뿌리도 잎도 없다. 솔잎난의 몸은 줄기만으로 되어 있어 땅속에서 갈라진 줄기로 물을 흡수하고 땅 위에서 갈라진 줄기로 광합성을 한다. 이 땅속줄기가 마침내 뿌리가 되고, 땅 위의 줄기가 잎으로 분화되었다.

양치식물이 뿌리를 발달시킬 수 있었던 데는 이유가 있다. 최초의 식물이 육지에 진출했을 때 육지에는 흙이 전혀 없었다. 단지 모래와 돌로 이루어진 대지가 펼쳐져 있었다. 지구상에 존재하는 흙은 유기물로 만들어졌다. 즉 생물의 사체 같은 것이 분해되어 흙이 된 것이다.

하지만 지상으로 진출한 식물이 생명 활동을 이어 가면서 세

줄기만 있는 솔잎난

대교체를 반복하다가, 고사한 후에는 분해되어 축적되었다. 이러한 유기물이 풍화한 암석과 섞여 식물이 자랄 수 있는 영양분을 함유한 흙이 되었다. 양치식물은 그 흙을 기반으로 해서 서식지를 넓혀 갔다. 그래서 양치식물은 뿌리를 가지고 있다.

이렇게 양치식물 숲이 만들어지자, 마침내 곤충이 지상으로 진출했다. 그리고 어류까지 드라마틱하게 상륙을 완수했다.

10장

마른 대지에
도전하기

육상 생활을 제한하는 것

지상에 상륙한 척추동물이 양서류로 번성할 무렵 숲을 이루고
있던 것은 양치식물이었다. 9장에서 소개했듯이 양치식물은
지상에서 몸을 지탱하는 줄기를 가지고 있고, 뿌리에서 줄기
를 통해 물을 흡수하기 위한 관다발을 몸에 지니고 있다. 양치
식물이 물가에서 분포를 넓혀 가자, 그때까지 물가에서 살았던
양서류는 공룡의 조상인 파충류로 진화했다.

　양치식물이 진화하면서 분포를 넓혀 식물의 양과 종류가 늘
어나자, 식물을 먹이로 삼는 다양한 파충류도 그 종류가 늘어
났다. 그리고 초식 파충류를 먹이로 삼아 육식 파충류도 발달
했다. 이렇게 해서 양치식물이 번성하게 되자 육상에는 풍부한
생태계가 구축되었다. 하지만 양치식물이 육상으로 진출했다
고 해도 여전히 물가에서 멀리 떠나지는 못했다. 수정을 해서
자손을 남기기 위해서는 물이 필요했기 때문이다.

　양치식물은 포자로 이동한다. 포자가 발아해서 전엽체가 형
성되는 것이다. 전엽체 위에서 정자와 난자가 만들어지고 정자

가 물속을 헤엄쳐 난자에 도달해서 수정한다. 정자가 헤엄쳐서 난자에 도달하는 것은 생명이 바다에서 탄생했다는 흔적이다.

진화를 이룬 육상 식물치고는 상당히 구시대적인 방법이라고 할 수도 있지만 정자가 헤엄쳐서 난자와 수정하는 것은 인간도 마찬가지다. 하지만 인간의 경우에는 헤엄치는 곳이 바닷속이 아니라 인간의 몸속이다. 생명 활동의 기본은 변하지 않는다. 육지에서 생활하는 생물이 진화하는 데 극복해야 할 과제는 생명 탄생의 기원인 바다의 환경을 어떻게 육지에서 실현할 것인가 하는 점이다.

지상에 진출한 양치식물도 정자가 헤엄칠 물이 필요하므로 수분이 질퍽거리는 습지에서만 자랐다. 그 결과, 크게 번성한 양치식물도 세력 범위가 물가로 한정되어 광활한 미개척 대지로 진출하지 못했다.

획기적인 두 가지 발명

그 후 공룡의 시대에 번성한 것은 양치식물에서 진화한 겉씨식물이다. 겉씨식물이 출현한 것은 약 5억 년 전 고생대 페름기다. 겉씨식물이 내륙으로 분포를 넓혀 가면서 지상에 공룡의 낙원을 만드는 기초가 되었다. 겉씨식물은 어떻게 해서 양치식물이 이루지 못한 건조 지역으로 진출하게 된 걸까.

겉씨식물은 식물 진화의 역사에서 일종의 위대한 발명을 이루었다. 바로 '씨앗'이다. 씨앗을 만드는 식물은 '종자식물'로 불린다. 겉씨식물은 종자식물의 선구자다. 씨앗은 단단한 껍데기로 싸여 있기 때문에 양치식물의 포자보다 건조한 환경에 잘 견딜 수 있다. 게다가 이처럼 단단한 껍데기에 싸여 있어서 식물의 싹을 띄울 시기를 비교적 오래 기다릴 수 있다. 식물이 생존하기 위해서는 물이 필요하다. 하지만 씨앗은 물이 없어도 물이 있는 장소까지 이동할 수도 있고, 물을 얻게 될 때까지 묵묵하게 기다릴 수 있다. 즉 식물의 씨앗은 공간을 이동하고 시간을 초월할 수 있다.

겉씨식물의 연구 대상은 씨앗만이 아니다. 또 다른 연구 대상이 '꽃가루'다. 양치식물은 포자로 번식한다. 포자를 종자(씨앗)와 비슷한 개념으로 오해할 수도 있지만, 포자는 종자식물의 꽃가루에 해당한다. 꽃가루는 정자를 만드는 것이 아니라 정세포를 만든다. 정세포는 정자와 비슷하지만 헤엄치는 편모를 가지고 있지 않아 정세포라는 별칭으로 불린다.

꽃가루는 밑씨(배주)와 만나 종자를 만드는데, 먼저 종자가 될 밑씨에 꽃가루가 닿으면 꽃가루관이라는 관을 암술 속으로 뻗친다. 그리고 정세포가 꽃가루관을 타고 내려가 밑씨 안에 있는 난세포와 수정한다. 이런 방법은 물이 필요 없다. 그래서 종자식물은 물이 없는 건조 지대로 분포를 넓혀 갔다.

이동할 수 있다는 것

겉씨식물의 강점은 단순히 건조한 환경에 강하다는 점 외에 이동 능력이 뛰어나다는 특징도 있다. 양치식물의 경우, 정자와 난자가 수정해서 생긴 수정란이 그 자리에서 자라서 양치식물을 형성한다. 그런데 종자식물은 수정란이 씨앗이 되며, 또 이동할 수도 있다. 양치식물은 포자로 한 번만 이동하지만, 종자식물은 꽃가루와 씨앗으로 이동할 기회를 두 번 얻는다. 이런 점은 움직일 수 없는 식물의 입장에서는 대단한 도약을 이룬 것이다.

또 장점이 있다. 양치식물은 인근 전엽체까지 정자가 헤엄쳐 갈 수도 있지만, 어쨌든 가까운 개체와 교배한다. 반면에 종자식물은 포자를 진화시켜 꽃가루를 만들어 냈다. 양치식물의 포자 자체에는 암수 구별이 없지만 꽃가루는 번식할 때 수컷 역할을 한다.[10] 꽃가루가 멀리 이동함으로써 더 다양한 개체와

---

10. 포자 자체는 외견상 동일할 수 있어도 각 포자는 나중에 암배우체와 수배우체로 발생하도록 정해져 있다.

교배할 수 있게 된 것이다. 다양한 개체와 교배하면 다양한 종류의 자손을 남기고 진화의 속도를 앞당길 수 있다.

이렇게 해서 태어난 겉씨식물은 양치식물에 비해 다양한 진화를 이루었다. 먹이가 될 식물이 다양해지자 이것을 먹는 동물도 더욱 진화하게 되었다. 이처럼 겉씨식물이 진화하게 되자 다양한 종류의 공룡이 탄생했다. 빠른 속도로 진화를 이룬 겉씨식물은 초식 공룡의 먹이가 되지 않기 위해 점차 커지기 시작했다. 겉씨식물이 거대화되자 이것을 먹기 위해 공룡도 점차 거대화되었다. 이처럼 겉씨식물과 공룡이 거대화 경쟁을 하면서 거대한 겉씨식물로 이루어진 숲과 거대한 공룡을 주인공으로 한 생태계가 탄생했다.

11장 생물계의 지배자, 공룡의 멸종

1억 4천만 년 전

다섯 차례의 대멸종

지구 역사에서 크게 번성했던 공룡이 멸종한 것은 큰 사건이다. 그런데 지구에 서식하는 생물체는 그 이전에도 여러 번 멸종 위기를 극복해 왔다. 몇 번의 눈덩이 지구를 극복하고 단세포 생물들이 살아남았다. 그 후 생물이 크게 진화하여 동물 화석이 발견되는 시대가 된 후에도 생물은 적어도 다섯 차례의 대멸종을 극복했다. 이 다섯 차례의 대멸종을 '빅 파이브'라고 한다. 대멸종의 요인에 대해서는 밝혀지지 않은 것이 많지만 기후 변화와 지각 변동, 대기 조성의 변화 등 지구 환경이 변화함에 따라 일어난 것으로 짐작된다.

최초의 대멸종은 약 4억 4천만 년 전의 고생대 오르도비스기다. 오르도비스기는 앵무조개와 삼엽충이 활약한 시대이며, 8장에서 소개한 갑주어 같은 어류가 바다를 헤엄쳐 다니는 시대였다. 지상에는 최초의 원시적인 식물이 상륙한 시기다.

고생대 오르도비스기 말기의 대멸종 시기에는 지구상에 종의 84퍼센트가 멸종했다. 공룡이 멸종한 백악기에 종의 76퍼센트가 멸종했으므로, 백악기보다 큰 규모의 멸종이다.

두 번째 대멸종은 약 3억 6천만 년 전 고생대 데본기 후기다. 이 시기에 육상에는 이미 양치식물 숲이 형성되어 곤충이 출현했으며 양서류가 상륙했던 시절이다. 이 대멸종 기간에는 종의 70퍼센트가 멸종했다.

세 번째 대멸종은 약 2억 5천만 년 전 고생대 페름기 말기다. 이 시기에는 이미 거대한 양서류와 파충류가 멸종했다. 고생대 페름기 말기의 대멸종은 놀랍게도 96퍼센트나 되는 종이 멸종하여 지구 역사상 최대의 대멸종이었다.

고생대 바다에 출현한 삼엽충은 오르도비스기 말기의 대멸종으로 인해 치명적인 타격을 받았는데, 소수의 종만 살아남았다. 이후 데본기 후기에 다시 대멸종을 거치면서 큰 타격을 받아 몇몇 극소수의 종만 생존했다. 안타깝게도 삼엽충은 세 번째 대멸종인 페름기 말기를 극복하지 못하고 결국 멸종했다.

네 번째 대멸종은 2억 5천만 년에서 2억 1만 년 전의 중생대 트라이아스기다. 이 시기에는 거대한 초대륙 판게아가 분열해서 땅속에서 대량으로 토출된 이산화탄소와 메탄으로 인해 지구 온도가 상승했다. 또 거대한 화산 폭발로 이산화탄소가 대기를 가득 채워 산소 농도가 현저하게 저하되었다. 이로써 그때까지 활약하던 종의 79퍼센트가 멸종되고 저산소 환경에 대한 적응력을 키운 파충류가 번성하면서 공룡으로 진화했다.

그리고 1억 4천만 년에서 6천 500만 년 전의 백악기에 다섯 번째 대멸종이 공룡을 덮쳤다. 백악기 말에는 70퍼센트의 생물 종이 멸종했다.

공룡의 멸종

왜 그토록 번성했던 공룡이 멸종한 걸까. 이에 관해서는 수수께끼로 가득하다. 공룡 멸종의 발단이 된 것은 아득한 우주에서 온 운석이 지구에 충돌했기 때문이라고 한다. 6천 550만 년 전의 일이다. 지금의 멕시코 유카탄반도 앞바다에 운석이 충돌했다. 이때의 엄청난 충격으로 지구 곳곳이 불덩어리가 되었다. 불타오르는 암석이 낙하하면서 대규모 산불을 일으켰다. 그리고 불꽃이 뜨겁게 타오르며 수많은 생물들을 태워 버렸다.

이글거리는 지옥을 이겨 내도 안심할 수 없었다. 운석이 떨어지면서 생긴 거대한 구멍으로 해수가 흘러들었다. 맹렬한 기세로 흘러 들어간 바닷물은 구멍을 가득 채우더니 결국 흘러 넘쳐 역류했다. 그리고 바닷물이 육지로 밀려들면서 해일이 발생했다. 높이 100미터가 넘는 거대한 해일이 내륙을 덮쳤는데 지형에 따라서는 높이 200미터에서 300미터에 달하기도 했다. 이 해일은 며칠 동안 여러 차례 이어졌을 것이다.

초유의 대재해로 인해 수많은 공룡이 멸종되었다. 이뿐만이 아니다. 운석의 충돌로 인해 엄청난 분진이 지구 전체를 덮어 버렸고 분진으로 태양광이 차단되어 지구의 기온이 급격히 냉각되었다. 햇빛이 닿지 않는 땅에서는 식물이 시들었고 얼마 남지 않았던 공룡들도 굶어 죽었다. 이렇게 해서 공룡은 마침내 지구에서 멸종하게 되었다.

생존자들

엄청나게 번성했던 공룡을 완전히 멸종시켜 버린 대참사였다. 하지만 이 혹독한 환경을 극복하고 살아남은 생물이 존재했다. 그들은 어떻게 이런 초유의 대참사를 극복했을까. 그 원인은 밝혀지지 않았다. 하지만 살아남은 생물들에게는 공통점이 있었다. 그들은 공룡들에게 괴롭힘을 당하고 제한된 곳에 살았던 패자들이었다.

공룡의 시대에 광활한 대지와 넓은 바다 대부분은 다양한 공룡들이 지배하고 있었다. 그래서 대형 공룡이 서식지로 삼지 않은 물가를 서식지로 삼아 살고 있던 생물이 있었다. 바로 파충류다.[11] 육지에는 티라노사우루스처럼 거대한 육식 공룡이 많이 존재했다. 바다에도 거대한 육식 공룡이 돌아다니고 있었다. 하지만 한정된 서식지인 강을 거처로 삼은 공룡은 적었다. 그래서 파충류들은 그곳을 거처로 삼았고 악어 같은 대형 파충류가 발달하게 되었다. 파충류는 어떻게 살아남았을까. 파충류가 서식하는 물가는 생명을 유지하는 데 필요한 물이 항상 존재한다. 고열을 피할 수 있고, 보온 효과도 있는 물은 '충돌의 겨울'이라 불리는 혹독한 환경을 극복하는 데도 도움이 되었던 것이다.

또 공룡은 체온을 유지할 수 있는 항온 동물이지만, 반면에 다행스럽게도 파충류는 체내에서 열을 만드는 체온 조절 기구가 발달되지 않아 외부 온도에 따라 체온이 변하는 구시대적인 변온 동물이다. 체온을 유지하기 위해서는 많은 양의 먹이가 필요하다. 하지만 뱀과 거북이 등 파충류는 동면이 필요한 변온 동물이므로 기온이 낮아지면 신진대사 활동이 저하된다.

조류도 이 대참사를 극복했다. 조류는 공룡에서 진화했다고 한다. 하지만 대형 공룡이 대지를 지배하는 반면, 새가 된 공룡은 다른 공룡의 지배가 미치지 않는 하늘을 서식지로 삼았다. 그리고 지상에서는 약자였던 조류는 구멍 속이나 나무 굴속에

---

11. 공룡도 파충류다. 따라서 여기서 말하는 파충류는 공룡 이외의 종류를 의미한다.

둥지를 만들었다. 이처럼 은신처를 가지고 있었기 때문에 재해를 피할 수 있었을 것이다. 또 새는 날개를 가지고 있어 멀리 이동할 수 있다는 점도 중요한 요인일 것이다.

소형화의 길을 택한 포유류

우리 포유류의 조상도 살아남았다. 공룡의 시대에 포유류의 조상은 매우 약한 존재였다. 자연계는 강한 자가 약한 자를 잡아먹는 약육강식의 세계다. 또 더 강한 자만 살아남는 적자생존의 세계다. 큰 자가 힘을 가지고 있었고 큰 자가 강한 시대였다. 따라서 공룡들은 진화할 때마다 대형화되었다.

약한 존재인 포유류는 이 같은 경쟁 속에서 이길 수가 없었다. 그래서 포유류가 취한 전략이 '작은 것'을 무기로 한 것이다. 몸이 작으면 공룡의 손이 닿지 않는 곳으로 도망칠 수 있다. 너무 작으면 거대한 육식 공룡의 먹이가 되는 곳에서 벗어날 수도 있다. 게다가 몸이 작으면 필요한 먹이도 적기 때문에 먹을 것이 적은 장소에서도 살아남을 수 있다.

이렇게 해서 포유류의 조상은 소형화의 길을 선택하게 되었다. 하지만 작은 공룡도 존재했으므로 포유류들은 작은 공룡들의 눈을 피해 다시 새로운 생활 장소를 찾아냈다. 그것이 바로 밤이다. 낮에는 활동하는 공룡이 많아서 포유류가 안심하고 돌아다닐 수 없었기 때문에 공룡들이 잠들어 있는 밤 동안에 몰래 활동하게 되었다.

다양한 종으로 진화한 공룡조차도 활동하지 않는 밤에 행동하기란 쉽지 않은 일이다. 포유류들은 어둠 속에서도 먹이를 찾을 수 있는 후각과 청각을 발달시켰다. 그리고 감각 기관을 관장하는 뇌를 발달시켰다. 이러한 역경 속에서 몸에 익힌 감각 기관과 뇌가 훗날 포유류가 번성하는 데 무기가 되었다.

공룡이 번성했던 1억 2천만 년 동안 포유류들은 공룡의 눈을 피해 조용히 지냈다. 학대받는 패자였다. 하지만 다행히도 조용히 숨어 지낸 포유류들은 유례없는 대재해를 극복하고 살아남았다. 적은 먹이로도 냉혹한 환경을 버티고 살아 낼 수 있는 작은 몸이 도움이 되었기 때문이다.

여섯 번째 대멸종

그리고 이제 여섯 번째 대멸종의 위기가 다가오고 있다. 멸종 규모는 1년에 100만 종당 몇 종이 멸종했는지 수치로 나타낸다. 일반적으로 이 수치는 0.1 정도다. 이는 1년에 100만 종당 0.1종이 멸종했다는 뜻이다. 현재 지구상에 알려진 생물의 종류는 약 200만 종이다. 말하자면 현재 지구에 있는 생물이 10년 동안 2종이 멸종했다는 뜻이다.

지구 역사상 최대의 대멸종이었던 페름기 말의 대멸종 수치는 110으로 추정된다. 하지만 현재부터 과거 200년간 척추동물의 멸종 수치는 106이다. 사상 최대의 대멸종과 비슷한 수준의 멸종이 지금 우리 눈앞에서 벌어지고 있는 것이다. 과거의 대멸종은 화산 폭발이나 운석 충돌 등 물리적 현상으로 인해 발생했다. 하지만 특이하게도 여섯 번째 대멸종은 생물에 의해 발생되었다. 그 원인이 되는 생물이 바로 인류다.

기억을 돌이켜 보자. 과거에 대멸종의 쓰라린 경험을 당한 것은 지구를 지배한 강자들이었다. 그래서 패자들이 새로운 시대를 구축했다. 지구를 지키자고 사람들은 말한다. 생물을 지키자고 사람들은 말한다. 하지만 결국 멸종하게 되는 것은 지구의 지배자인 인간이 아닐까. 인류가 멸종해도 지구는 전혀 영향을 받지 않는다. 일부 생물들은 인류와 함께 피해를 볼 수도 있지만 지구에는 다시 새로운 생물들이 출현해서 새로운 생태계를 구축할 것이다. 38억 년 생명의 역사에서 일어난 대격변으로 미루어 볼 때, 인간이 출현했다가 멸종되더라도 아무런 영향이 없을 것이다.

12장

공룡을
멸종시킨 꽃

2억 년 전

공룡이 멸종된 이유

번성했던 공룡이 멸종한 이유는 수수께끼로 남아 있지만, 이미 소개한 것처럼 공룡 멸종의 발단이 된 것은 6천 550만 년 전에 운석이 지구에 충돌한 후 지구 환경이 급변했기 때문이다. 하지만 운석이 지구에 충돌하기 이전부터 공룡은 점차 쇠퇴의 길을 걷고 있었다. 그 요인은 식물의 진화 때문이다. 어떻게 식물의 진화가 공룡을 막다른 골목으로 몰아갔을까.

　씨앗을 만드는 종자식물에는 속씨식물과 겉씨식물이 있다. 2억 800만 년 전부터 1억 4천 500만 년 전, 공룡들이 활보하던 중생대 쥐라기 시대에 번성을 이루었던 것은 겉씨식물이었다. 겉씨식물은 아름다운 꽃을 피우지 않는다. 쥐라기 숲에는 우리가 상상하는 다양한 색깔의 꽃이 전혀 없었다.

　그 후 쥐라기부터 중생대 말기 백악기(1억 800만 년 전부터 6천 500만 년 전)에 걸쳐 꽃이라는 기관을 발달시킨 속씨식물이 출현했다. 속씨식물은 종자식물 중 새로운 형태의 식물이다. 10장에서 소개했듯이 겉씨식물은 꽃가루와 씨앗이라는 두 가지 위대한 발명으로 건조한 내륙에서의 삶을 시작하게 되었다. 하지만 속씨식물은 속도를 무기로 번성해 나갔다.

겉씨식물과 속씨식물의 차이

과학 교과서에 겉씨식물은 '씨방이 없어 밑씨가 노출되어 있다.'고 나와 있고, 속씨식물은 '밑씨가 씨방 속에 들어 있어 노출되어 있지 않다.'고 나와 있다. 밑씨가 노출되어 있는지 여부가 종자식물을 크게 두 가지로 나눌 만큼 중요한 것일까 하고 생각할 수도 있다. 하지만 밑씨가 씨방 속에 들어 있는 것은 식물의 진화에서 혁신적인 사건이었다. 그리고 이 밑씨가 씨방에 싸여 있다는 사실로 식물은 극적으로 진화하게 된다. 그리고 마침내 공룡을 멸종의 길로 몰아가게 되었다.

속씨식물의 특징은 밑씨가 노출되어 있지 않다는 것이다. 밑씨란 씨앗의 기초가 되는 것이다. 식물에게 가장 중요한 것은 다음 세대를 이어 갈 씨앗이다. 즉 밑씨가 노출되어 있다는 것은 가장 중요한 것이 무방비 상태에 있다는 뜻이다. 그런데 어느 날 소중한 씨앗을 씨방으로 싸서 보호하는 식물이 나타났다. 이것이 속씨식물이다.

이처럼 씨방을 가지게 되면서 식물에 혁신적인 변화가 일어났다. 꽃가루가 씨방에 붙어 있는 암술에 닿으면 꽃가루관이 발아한다. 이 꽃가루관이 암술 속으로 뻗어 씨방 안에 있는 밑 씨에 도달해서 수정을 한다. 밑씨는 씨방 속에서 보호를 받고 있어 안전하게 수정할 수 있다.

속씨식물의 장점은 이뿐만이 아니다. 밑씨가 씨방의 보호를 받게 되자 혁명적인 사건이 일어났다. 수정 속도가 빨라진 것이다. 씨방이 없는 겉씨식물은 꽃가루가 암술에 도착한 후 1년을 기다려야 수정이 완료되지만, 씨방이 있는 속씨식물은 꽃가루가 암술에 도착한 후 24시간 내에 수정이 완료된다.

빨라진 진화의 속도

그런데 겉씨식물은 왜 소중한 밑씨를 노출하게 되었을까. 밑씨가 씨앗이 되기 위해서는 꽃가루와 수정해야 한다. 즉 꽃가루가 바람에 날아가서 수정하기 때문에 어쩔 수 없이 밑씨를 외부에 드러내야 했다. 하지만 밑씨 안에 있는 성숙한 난세포를 계속 외부 공기에 노출시켜 놓을 수는 없다. 따라서 속씨식물은 중복 수정을 하는 반면 겉씨식물은 날아온 꽃가루를 한 번 받아들여 1회 수정으로 밑씨를 성숙시킨다.

살아 있는 화석이라고 할 정도로 오래된 대표적인 겉씨식물

은행나무를 예로 들어 보자. 잘 알려졌듯이 은행나무는 암수가
딴 그루로 존재한다. 은행나무 꽃가루에는 동물의 정자처럼 꼬
리가 있어 이동할 수 있다. 이는 원시 시절 물속에서 육상으로
이동하여 진화한 흔적이다. 수그루에서 만들어진 꽃가루가 바
람에 날아가 암그루의 은행 안으로 들어간다. 꽃가루는 은행
속에 2개의 정자를 만든다. 은행은 꽃가루가 들어오면 4개월
에 걸쳐 난자를 성숙시킨다. 이때 은행나무는 은행 속에서 정
자가 헤엄칠 수 있도록 작은 수영장을 준비한다. 난자가 성숙
해지면 정자는 준비된 수영장을 헤엄쳐서 난자에 도달한다.

물가에서만 수정할 수 있는 양치식물에 비해, 몸속에 수영
장을 가진 은행나무의 시스템은 획기적이었다. 하지만 당시에
는 참신했던 시스템도 오늘날에 와서는 낡은 것이 되어 버렸
다. 이 오래된 시스템이 오늘날에도 그대로 작동되고 있는 것
은 겉씨식물 중에서도 은행나무와 소철뿐이다.

현재 겉씨식물은 좀 더 개량된 새로운 시스템을 채택하고 있
다. 대표적인 겉씨식물인 소나무의 예를 살펴보자. 소나무는
봄이 되면 새 솔방울을 만드는데 이것이 바로 소나무의 꽃이
다. 겉씨식물인 소나무는 꽃가루를 바람에 실어 다른 소나무에
게 날려 보낸다. 이 꽃가루가 날아가 벌어진 솔방울 속으로 침
입하면 솔방울이 닫혀서 이듬해 가을까지 열리지 않는다. 그리

고 솔방울 속에서 오랜 세월에 걸쳐 암컷에 해당하는 알과 수컷에 해당하는 정핵이 형성되어 수정이 이루어지고 성숙된다. 겉씨식물로 진화한 소나무도 꽃가루가 도착한 후 수정이 이루어질 때까지 대략 1년이 필요하다.

그러면 속씨식물은 어떨까. 속씨식물은 식물의 씨방 내부에서 안전하게 수정할 수 있으므로 꽃가루가 오기 전부터 배아를 성숙시킨 상태에서 준비해 둘 수 있다. 그리고 꽃가루가 도착하면 즉시 꽃가루받이(수분)를 한다. 꽃가루가 암술에 도착해서 수정이 완료될 때까지 며칠 소요되는데, 빠른 것은 몇 시간 만에 완료된다. 씨방이 없을 때는 1년 걸리던 것이 24시간 내에 수정이 완료된다. 수정 속도가 극도로 빨라진 것이다.

수정 속도에 혁신적인 변화가 일어났다. 식물에 도대체 무슨 일이 일어난 걸까. 그때까지는 씨앗을 만드는 데 오랜 세월이 필요했던 것이 24시간 내에 가능하게 되면서 빠른 속도로 씨앗을 만들고 세대교체를 할 수 있게 되었다. 세대교체가 빠른 속도로 진행된다는 것은 그만큼 진화 속도가 빨라질 수 있다는 뜻이다. 그래서 식물의 진화 속도가 빨라진 것이다.

아름다운 꽃의 탄생

식물의 진화 속도가 빨라지면서 속씨식물은 아름다운 꽃을 가지게 되었다. 식물이 아름다운 꽃을 피우는 것은 곤충을 불러들여 꽃가루받이를 시키기 위해서다.

겉씨식물은 바람에 꽃가루가 운반되어 수정하는 풍매화다. 따라서 겉씨식물의 꽃은 아름답게 장식할 필요가 없다. 바람에 꽃가루를 맡겨서 운반하는 방법은 수꽃에서 암꽃으로 꽃가루가 도착할 확률은 낮기 때문에, 꽃잎을 장식하는 데 에너지를 쓰는 것보다 조금이라도 많은 꽃가루를 만드는 것이 낫다. 겉씨식물이 꽃가루를 대량으로 생산하는 것은 그 때문이다.

오늘날에도 삼나무와 노송나무 같은 겉씨식물이 대량의 꽃가루를 퍼뜨려서 화분증(꽃가루 흡입으로 인한 알레르기)의 원인이 되고 있는데, 이는 결국 겉씨식물이 풍매화이기 때문이다. 겉씨식물에서 진화한 속씨식물도 원래는 풍매화였을 것이다. 그런데 우연한 기회에 곤충이 꽃가루를 옮기게 된 것이다.

원래 곤충은 식물의 꽃가루를 나르기 위해 꽃에게 다가간 것은 아니다. 처음에는 꽃가루를 먹기 위해 꽃으로 갔을 뿐이다. 그런데 곤충이 꽃가루를 먹은 뒤 몸에 묻은 꽃가루가 다른 꽃을 찾아갔다가 우연히 그 암술에 달라붙게 된 것이다. 즉 곤충에 의해 우연히 꽃가루가 옮겨졌다.

곤충은 꽃가루를 먹는 해충이지만, 꽃에서 꽃으로 이동하므로 곤충의 몸에 꽃가루를 붙이면 효율적으로 꽃가루를 운반할 수 있다. 곤충에게 꽃가루를 조금 빼앗긴다고 해도 어디로 날아갈지 알 수 없는 바람에 맡기는 방법에 비하면 훨씬 확실하다.

결국 식물은 곤충이 꽃가루를 운반하게 함으로써 생산해야 할 꽃가루의 양을 줄이는 데 성공한다. 그리고 그렇게 절약한 에너지를 사용해서 곤충을 불러 모으기 위해 눈에 띄는 꽃잎을 발달시킨 것이다.

마침내 식물은 곤충의 먹이로 줄 달콤한 꿀도 준비하고 좋은 향기를 풍기는 등 다양한 방법으로 곤충을 불러들이게 되었다. 이렇게 탄생한 것이 오늘날 우리가 알고 있는 아름다운 꽃이다. 그리고 이러한 극적인 진화를 할 수 있었던 것은 씨방을 가진 속씨식물이 세대교체 속도를 높이는 데 성공했기 때문이다.

나무와 풀, 어느 쪽이 진화한 형태일까

나무와 풀 중 어느 것이 더 진화했을까. 줄기를 만들고 복잡하게 가지를 우거지게 해서 거대한 대목이 되는 나무가 진화한 형태라고 생각할지도 모르지만, 사실 더 진화한 것은 풀이다.

물속에서 땅 위로 상륙한 것은 풀이라고 할 수도 없는 이끼

같은 작은 식물이었다. 이 식물이 양치식물로 진화했을 때, 양치식물은 견고한 줄기와 헛물관이라는 통도 조직을 이용하여 거대한 나무를 만들었다. 이렇게 해서 지상에 양치식물 숲이 생긴 것이다.

그 후 양치식물에서 겉씨식물 그리고 또다시 속씨식물로 진화했고, 그 후 식물은 큰 나무가 되어 거목의 숲을 만들었다. 풀이라는 형태가 출현한 것은 백악기 말기다. 공룡 영화를 보면 거대한 식물들이 숲을 이루고 있다. 그 시대에 식물이 있었다는 뜻이다. 공룡이 번성했던 시대에는 기온도, 광합성에 필요한 이산화탄소 농도도 높았다. 따라서 식물도 왕성하게 성장하고 거대화할 수 있었다.

식물은 빛을 받아야 광합성을 할 수 있기 때문에 다른 식물보다 높이 솟아오르는 것이 유리하다. 그래서 식물은 경쟁하듯이 키가 크면서 거대화되었다.

식물을 먹이로 하는 초식 공룡들도 높은 나무에 달린 잎을 먹기 위해 거대화되었다. 그러자 식물도 공룡의 먹이가 되더라도 살아남기 위해 더욱 거대화되었다. 공룡은 거대화된 식물을 먹기 위해 더욱 거대화되었으며 목도 길어졌다. 이처럼 식물과 공룡은 서로 경쟁하듯 거대화되어 갔다. '큰 것은 좋은 것이다'라는 말이 있듯이 확실히 큰 것이 살아남는 시대였다.

빨라진 세대교체

그런데 시대가 변했다. 백악기가 끝날 무렵이 되자 그때까지 지구상에 하나밖에 없었던 대륙이 맨틀 대류가 일어나면서 분열되어 이동하기 시작했다. 열을 받아 뜨거워진 부분은 팽창되면서 가벼워져서 상승하고, 열을 잃어 차가워진 부분은 밀도가 커져 하강하면서 이동하게 된 것이다.[12]

분열된 대륙이 서로 충돌하면서 비틀린 부분이 솟아올라 산맥을 만들었다. 그리고 산맥에 부딪힌 바람은 구름이 되어 비를 내렸다. 이처럼 지각 변동이 일어나면서 기후도 변하고 불안정한 상태가 되었다.

산에 내린 비는 강이 되었고 마침내 하류에 삼각주가 형성되었다. 풀은 바로 이 삼각주에서 탄생했을 것이다. 삼각주의 환경은 불안정하다. 언제 비가 내려 홍수가 일어날지 알 수 없다. 그런 환경에서는 느긋하게 큰 나무가 될 여유가 없다. 그래서 짧은 기간에 성장해서 꽃을 피우고 씨앗을 남겨서 세대를 교체하는 풀이 발달한 것이다.

수정 기간 단축에 성공해서 세대교체를 앞당긴 속씨식물은 몇 년 만에 시들어 버리는 풀로 진화하면서 세대교체 속도가

---

12. 대륙판보다 해양판의 밀도가 크기 때문에 해양판이 대륙판 아래로 들어가는 양상을 보인다.

더욱 빨라졌다. 풀이 된 속씨식물은 급변하는 환경에 맞춰 폭발적으로 진화했다. 속씨식물은 자유자재로 진화하게 되었다.

　육상 포유류가 다시 바다로 돌아가 고래가 되었듯이, 그중에는 환경에 적응해서 풀에서 다시 나무로 되돌아온 것도 있다. 곤충이 적은 환경에서는 충매화가 다시 바람이 꽃가루를 운반하는 풍매화로 진화한 것도 있다. 이렇게 해서 지구 곳곳에서 다양한 식물이 진화해 갔다.

쫓겨난 공룡들

속씨식물은 세대교체 속도를 높임으로써 변화하는 환경에 재빨리 적응해서 극적으로 진화하게 되었다. 결국 이 속씨식물이 공룡들을 쫓아냈다. 진화 속도가 빨라진 속씨식물을 공룡이 따라갈 수 없었을 것이다. 물론 공룡도 전혀 진화하지 않은 것은 아니다.

　아이들에게 인기 있는 트리케라톱스라는 공룡은 꽃이 피는 속씨식물을 먹을 수 있도록 진화했다. 그때까지 초식 공룡들은 겉씨식물과 경쟁하면서 거대화해서 높은 나뭇잎을 먹을 수 있도록 목을 길게 늘였다. 하지만 트리케라톱스는 달랐다. 트리케라톱스는 다리가 짧고 키도 작은 데다 머리는 아래쪽으로

향해 있다. 그 모습이 마치 초식동물인 소나 코뿔소 같은데, 이
는 땅에서 자라는 작은 풀을 먹는 데 적합한 형태이다.

　속씨식물의 진화 속도는 공룡의 진화를 분명히 앞섰을 것이
며, 트리케라톱스도 식물의 진화를 따라가기가 어려웠을 것이
다. 속씨식물은 짧은 사이클로 다양하게 시도하면서 변화했다.

　식물은 초식 공룡의 먹이가 되지 않기 위해서 자신의 몸을 보
호하기 위한 궁리도 했을 것이다. 예컨대 속씨식물은 알칼로이
드라는 독성 화학 물질을 점차 몸에 지니게 되었다. 그러자 공
룡은 식물이 만들어 내는 독성 물질에 대응하지 못하고 소화 불
량을 일으키거나 중독사한 것으로 추측된다.

　실제로 백악기 말기의 공룡 화석에게 기관이 비정상적으로
비대하거나 알의 껍데기가 얇아지는 등 중독을 연상할 만한 심
각한 생리 장애가 관찰되었다고 한다. 그러고 보면 공룡이 현대
에 되살아나는 SF 영화 〈쥬라기 공원〉에서도 트리케라톱스가
독성 식물에 중독되어 누워 있는 장면이 나온다.

　캐나다 앨버타주 드럼헬러Alberta Drumheller에서 공룡 시대 말
기의 화석이 많이 발견되었다. 이 지역의 7천500만 년 전 지
층에서는 트리케라톱스를 비롯한 뿔룡류가 8종류나 발견되었
으나, 1천만 년 후에는 뿔룡류가 겨우 1종류만 남았다고 한다.
반면에 이 기간에 포유류의 화석은 10종류에서 20종류로 증

가했다.

공룡 멸종의 직접적인 계기는 소행성의 충돌이었겠지만, 결국 공룡들이 점차 쇠퇴의 길을 걷게 된 것은 시대의 변화에 대응하지 못했기 때문이다.

멈추지 않는 속도

식물은 겉씨식물에서 속씨식물로 진화한 후 세대교체 속도가 빨라졌다. 속씨식물은 외떡잎식물과 쌍떡잎식물로 나뉘는데[13] 풀로 진화했다는 것은 외떡잎식물로 진화했다는 뜻이다.

외떡잎식물은 나무가 된 목련이나 녹나무에서 갈라져서 진화했다. 속씨식물은 큰 나무에서 작은 풀로 진화했다. 풀로 진화한 것과 외떡잎식물의 출현은 동시에 일어났다. 오늘날에도 외떡잎식물은 모두 풀이다.

외떡잎식물에 비하여, 그 이전의 식물은 쌍떡잎식물로 불린다. 풀이라는 스타일이 뛰어나기 때문인지 외떡잎식물과는 별개로 쌍떡잎식물은 그대로 풀로 진화했다. 외떡잎식물인 초본

---

13. 속씨식물은 공통 조상에서 앰보렐라와 한 종류의 식물로 갈라진다. 이 한 종류의 식물은 수련과 또 다른 종류로 갈라진다. 이 다른 종류는 붓순나무 등과 역시 하나의 종류로 갈라진다. 이 하나의 종류는 목련류와 또 하나의 종류로 갈라진다. 이 또 하나의 종류로부터 외떡잎식물과 진정쌍떡잎식물이 출현한다.

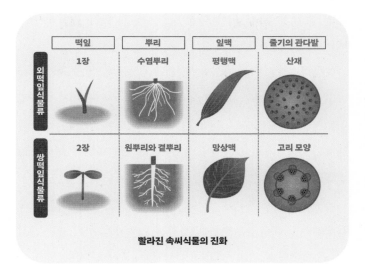

떡잎	뿌리	잎맥	줄기의 관다발
외떡잎식물류 1장	수염뿌리	평행맥	산재
쌍떡잎식물류 2장	원뿌리와 곁뿌리	망상맥	고리 모양

빨라진 속씨식물의 진화

식물과 쌍떡잎식물인 초본 식물은 각각 별개로 진화했다.

외떡잎식물과 쌍떡잎식물의 차이는 이름으로 알 수 있듯이 떡잎이 쌍떡잎식물은 2장인 데 비해, 외떡잎식물은 1장이다. 또 과학 교과서를 보면 쌍떡잎식물은 줄기의 단면에 물관부와 체관부 사이의 세포층인 형성층이라는 고리 모양의 관이 있다. 반면에 외떡잎식물에서는 형성층이 없다. 뿌리는 쌍떡잎식물이 원뿌리와 곁뿌리라는 복잡한 형태를 가진 데 비해, 외떡잎식물은 가는 뿌리가 수염처럼 뻗어 있는 수염뿌리 구조다. 잎맥도 쌍떡잎식물은 그물처럼 복잡하게 깔려 있는 망상맥(그물

맥)인 데 비해, 외떡잎식물은 잎맥이 나란히 있는 평행맥(나란히맥)이다.

일반적으로는 구조가 단순한 외떡잎식물이 더 오래된 식물이고, 구조가 복잡한 쌍떡잎식물이 더 진화한 식물이라고 생각하겠지만 실제로는 그 반대다.[14] 즉 외떡잎식물이 된 것은 불필요한 것을 버리고 복잡한 구조를 더 단순화하는 방향으로 진화한 것이다.

나무에서 풀로 진화한 것은 성장 속도를 높이기 위해서였다. 성장하기 위해서는 탄탄한 구조가 필요하지만, 작은 풀은 복잡한 구조가 필요 없다. 따라서 외떡잎식물은 단순한 성장을 목표로 한 것이다.

생명을 단축하는 진화

식물은 나무에서 풀로 진화했다. 그런데 생각해 보면 이상하다. 나무인 목본성 식물은 수십 년, 수백 년이나 살 수 있다. 그 중에는 나무의 나이가 수천 년에 달하는 것도 있다. 반면에 풀

---

14. 분자생물학에서는 이와 다른 의견도 있다. 외떡잎식물과 진정쌍떡잎식물이 동시에 출현했다는 설과 외떡잎식물이 진정쌍떡잎식물보다 더 늦게 출현했다는 설 등 의견이 분분하다.

인 초본성 식물의 수명은 1년 이내 혹은 길어도 겨우 몇 년이
다. 수천 년 동안 살 수 있는 식물이 굳이 진화해서 짧은 생명
을 선택한 것이다.

모든 생물은 죽기를 바라지 않으므로 생명 활동을 하고 있
다. 그래서 식물은 조금이라도 빛을 쬐어 광합성을 하기 위해
가지와 잎을 펼치려고 애를 쓰고, 동물은 천적을 피해 필사적
으로 달아난다. 모든 생물이 생존하기 위해 노력하는데 식물은
왜 짧은 생명으로 진화한 걸까.

5장에서 소개했듯이 죽음은 생명이 스스로 만들어 낸 발명
품이다. 생명의 릴레이를 이어 가며 변화를 계속함으로써 생명
이 영원할 수 있다는 길을 발견한 것이다.

장거리 마라톤을 완주하는 것은 대단한 일이다. 특히 산과
계곡을 넘어야 하는 장애물 경주를 한다면 어떨까. 42.195킬
로미터 앞에 있는 결승점까지 도착하기란 쉽지 않을 것이다.

그런데 100미터 경주라면 어떨까. 전력으로 완주해 낼 수 있
을 것이다. 만약 약간의 장애가 가로놓여 있다고 해도 온 힘을
다해 장애를 극복할 수 있을 것이다. 텔레비전 프로그램 기획
으로 마라톤 선수와 100미터 간격으로 바통 릴레이를 하는 초
등학생 대결을 보여 준 적이 있었는데, 마라톤 선수임에도 전
력 질주하는 초등학생의 바통 릴레이를 이기지 못하는 모습을

보았다.

식물도 마찬가지다. 1천 년의 수명을 살아 내는 것은 어렵다. 도중에 장애가 있으면 시들어 버릴 수도 있기 때문이다. 반면에 1년의 수명을 살아가는 편이 천명을 다할 가능성이 높다. 그래서 식물은 수명을 단축시켜 100미터를 완주하고 바통을 넘김으로써 계속해서 세대를 교체하는 쪽을 택한 것이다. 특히 식물은 세대를 거치면서 변화를 이루거나 진화할 수 있다. 그래서 속씨식물은 세대교체를 통해 환경과 시대의 변화에 대응할 수 있게 된 것이다.

13장

꽃과 곤충의
공생 관계 출현

2억 년 전

공생하는 힘

속씨식물은 세대교체 속도를 높이는 데 성공했다. 그렇다면 속
씨식물은 어떤 방향으로 진화를 이룬 걸까. 성공의 비결은 '다
른 생물과 적극적으로 관계를 맺는 것'이라고 한다. 속씨식물
은 다른 생물과 서로 영향을 주고받으면서 더욱 다양한 것들
을 만들어 냈다. 이에 비해 겉씨식물은 다른 생물과의 관계가
적었다. 이 차이가 겉씨식물에서 속씨식물로 세력이 역전되는
데 영향을 주었다.

그러면 속씨식물은 어떤 생물과 어떤 관계를 만들었는지 살
펴보자. 그 첫 번째 파트너는 앞서 소개한 곤충이다. 속씨식물
은 곤충에게 꽃가루와 꿀을 주고 그 대신 곤충이 날라 주는 꽃
가루를 받는 공생 관계를 맺었다. 이렇게 서로 돕고 사랑하는
공생 관계를 진화시키는 과정에서 최초로 꽃가루를 날라 준
곤충은 풍뎅이류였다. 말하자면 식물의 첫사랑은 풍뎅이였던
것이다.

속씨식물의 최초 파트너

첫사랑이라는 것이 뭔가 서투르고 세련되지 못한 것은 예나 지금이나 변함이 없는 것 같다. 오늘날에도 풍뎅이는 결코 요령이 좋은 곤충이 아니다. 꽃에서 꽃으로 날아다니는 나비나 벌 같은 곤충과 달리 풍뎅이는 혹시 추락했나 생각될 정도로 쿵 하고 꽃에 내려앉아서 먹이인 꽃가루를 찾아 꽃 속을 돌아다닌다. 이 당시에는 나비나 벌은 아직 출현하지 않았다. 꽃가루를 날라 주는 곤충은 이토록 서투르고 사랑스러운 파트너였다.

하지만 곤충 중에도 효율적으로 꽃가루를 나르는 곤충과 그렇지 않은 곤충이 있다. 식물의 입장에서는 가능하면 효율적으로 꽃가루를 날라 주는 곤충이 꽃으로 오기를 바랄 것이다.

이렇게 해서 식물은 파트너를 선별하게 되었는데, 이런 식물의 요구에 적합하도록 진화한 것이 꽃에서 꽃으로 화려하게 날아다니는 꿀벌이다.

유능한 벌을 파트너로 선택하는 식물이 출현했다. 식물은 벌을 불러들이기 위해 눈에 띄게 아름다운 꽃잎을 만들었다. 그리고 꽃가루와는 별도로 꿀이라는 맛있는 특별 먹이를 준비했다.

하지만 화려한 특별 먹이를 준비하자 벌 외에 다른 곤충들도 모여들기 시작했다. 그래서 식물은 솜씨 좋은 벌에게만 꿀을 주기 위해 꿀을 꽃 속에 숨기고 꽃 모양을 복잡하게 만들어 다른 곤충들이 침입하지 못하게 했다.

벌은 꽃 모양이 복잡하게 변하자 이에 대응하여 꽃으로 들어가는 능력을 발달시키고 꽃 모양을 인식하는 능력을 키웠다. 이렇게 식물과 곤충은 함께 진화했다.

과일의 탄생

세대교체를 앞당기고 진화 속도를 높이는 데 성공한 속씨식물이 곤충과 공생하기 위해 꽃만 발명한 것은 아니다. 속씨식물은 극적인 진화 과정에서 열매도 발달시켰다. 공생하기 위해서였다. 겉씨식물과 속씨식물의 차이는 씨앗의 기초가 되는 밑씨가 노출되는지 여부였다.

겉씨식물은 밑씨가 노출되어 있다. 이에 비해 속씨식물은 소중한 밑씨를 보호하기 위해 씨방이 밑씨 주변을 둘러싸고 있다. 밑씨는 씨방으로 보호됨으로써 건조한 조건에도 잘 견딜 수 있게 되었다. 또 씨방은 소중한 씨앗이 해충과 동물들의 먹이가 되지 않도록 보호하는 역할도 한다.

그런데 씨방을 먹은 포유류가 씨방 속에 있는 씨앗을 배설해서 체외로 배출함으로써 결과적으로 씨앗이 이동할 수 있게 되었다. 그래서 식물은 열매를 맺어서 씨앗을 뿌리는 방법을 발달시켰다.

새를 비롯한 동물이 식물의 열매를 먹으면 열매와 더불어 씨앗도 먹게 된다. 이 씨앗이 동물의 소화관을 통과한 뒤 배설물에 섞여 배출될 무렵에는 동물도 이동하므로 씨앗은 자연스럽게 이동할 수 있는 것이다.

속씨식물은 밑씨를 지키는 씨방을 발달시켜 동물에게 먹이기 위한 열매를 만들었다. 식물은 이렇게 만든 열매를 동물에게 먹이로 주고, 동물은 식물의 씨앗을 날라 주었다. 이처럼 동물은 열매를 통해 식물과 공생 관계를 구축했다.

조류의 발달

열매를 먹은 뒤 그 씨앗을 최초로 옮겨 준 것은 포유류였다고 한다. 포유류는 원래 곤충을 먹었는데 그중에 열매를 먹는 곤충이 있었던 것이다.

백악기 후기에는 다양한 조류가 발달했다. 이는 속씨식물이 출현함에 따라 식물이 다양하게 진화를 이루었기 때문이다. 꽃이 진화함에 따라 꿀을 먹으러 찾아다니면서 꽃가루를 운반하는 새가 나타났다. 꽃 모양에 맞춰 다양한 조류가 진화하였고, 다양한 식물을 먹는 다양한 곤충이 발달하기 시작했다. 식물은 다양한 열매를 맺었다. 이렇게 먹이가 다양해지면서 조류도 다양하게 진화해 갔다.

현재는 포유류보다 조류가 식물의 열매를 먹고 씨앗을 운반하는 역할을 맡고 있다. 포유류는 이빨이 발달했기 때문에 과일뿐 아니라 씨앗을 씹어서 부숴 버릴 우려가 있다. 이에 비해 조류는 이빨이 없기 때문에 씨앗을 통째로 삼키는데 새의 소화관이 짧기 때문에 씨앗이 소화되지 않고 몸속을 무사히 통과할 수 있다. 새는 하늘을 날아다니기 때문에 포유동물에 비해 이동하는 거리가 길다. 따라서 식물에게는 새야말로 씨앗을 옮겨 주는 최적의 파트너다.

식물은 씨앗이 효율적으로 운반될 수 있도록 일종의 사인을 만들었다. 그것이 열매의 색깔이다. 열매는 익으면 붉게 변한다. 열매가 붉은색으로 변하면 눈에 띄기 때문이다. 반면에 씨앗이 성숙해지기 전에 먹이가 되지 않도록 덜 익은 열매는 잎사귀처럼 녹색으로 만들어 눈에 띄지 않게 했다. 또 먹지 못하도록 쓴맛이 나게 해서 열매를 지킨다. 붉은색은 '먹어도 돼.', 녹색은 '먹으면 안 돼.'라는 뜻이다. 이것이 식물과 조류 사이에 맺어진 사인이다.

먹이가 되어야 성공

이렇게 해서 속씨식물은 다른 생물들과 서로 돕는 공생 관계를 구축한다. 식물은 꽃을 피워서 벌이나 등에 같은 곤충을 유혹한다. 그리고 곤충에게 꽃가루와 꿀을 주는 대신 곤충의 도움을 받아 꽃가루를 효율적으로 운반함으로써 꽃가루받이를 한다. 또 식물은 달콤한 열매로 새를 유혹해서 열매를 먹게 하고, 그 대신 새의 도움을 받아 씨앗을 옮긴다.

움직일 수 없는 식물에게 이동할 수 있는 기회는 두 번뿐이다. 첫 번째 기회는 꽃가루, 그리고 두 번째 기회는 씨앗이다. 식물은 이 두 번의 기회를 최대한 살리기 위해 곤충이 꽃가루를 옮기게 하거나, 새가 씨앗을 옮기게 한다. 이러한 공생 관계는 어떻게 해서 구축된 걸까.

공룡이 여전히 존재했던 백악기에, 곤충이 꽃에게 다가간 것은 꽃가루를 운반하기 위해서가 아니었다. 곤충들은 꽃가루를 먹기 위해 꽃으로 날아간 것이다. 꽃가루를 찾아다니는 곤충은 식물에게는 큰 적이었다. 하지만 곤충이 꽃에서 꽃으로 날아다니며 꽃가루를 먹는 동안 우연히 꽃가루를 먹으러 온 곤충에게 붙은 꽃가루가 다른 꽃에 옮겨져 꽃가루받이가 이루어졌다. 그래서 식물은 곤충을 이용하게 되었고 곤충을 위해 달콤한 꿀까지 준비했다. 얄미운 적이었던 곤충을 교묘하게 동료로 만든 것이다.

열매는 어떨까. 식물의 열매도 백악기에 발달했다. 새들 또한 씨앗을 옮겨 주려는 친절한 마음으로 식물에게 다가간 것이 아니다. 씨앗이나 씨앗을 보호하는 씨방을 먹으려고 다가갔다. 그런데 결국 식물은 그 새를 파트너로 만드는 데 성공했다. 식물은 상대방이 '먹을 수 있는 것'을 교묘하게 이용해서 꽃가루와 씨앗을 옮기는 데 성공해 왔다.

공생 관계로 이끈 것

자연계는 약육강식의 세계다. 눈 깜짝할 사이에 목숨을 잃을 수도 있는 치열한 경쟁을 이겨 낸 생물만 살아남을 수 있다. 거기에는 규칙이나 도덕도 없다. 어떤 수단을 이용해서라도 살아남은 쪽이 승리하는 세계다. 이 경쟁은 인간 사회의 경쟁과는 비교도 되지 않을 정도로 치열하다.

그런 와중에 식물은 치열한 경쟁 끝에 공존의 길을 찾아내 다른 생물과 서로 도우며 살아가는 법을 터득했다. '경쟁하는 것보다 서로 도와야 살아남을 수 있다.' 이것이 치열한 자연계에서 속씨식물이 내린 답이다.

서로 돕는 공생 관계를 위해 속씨식물은 무엇을 했을까. 의

도하지는 않았겠지만, 식물은 곤충에게 꽃가루를 주고 꿀을 주었다. 그리고 새들에게는 달콤한 열매를 준비했다. 결과적으로 자신의 이익보다 먼저 상대방의 이익을 위해 '베풀어 주는 것', 이것이 바로 공생 관계를 구축할 수 있었던 방법이다.

신약 성경에 이런 말이 있다. "주라, 그리하면 너희에게 줄 것이다." 이 말을 설파한 그리스도가 지상에 나타나기 전 아득히 먼 옛날에, 속씨식물은 이미 이런 경지에 도달해 있었던 것이다.

14장 구시대적 형태로 살아가는 길

1억 년 전

구조 조정의 선택

속씨식물 중 어떤 것은 풀로 진화했지만 모든 식물이 풀이 된 것은 아니다. 나무로 살아가는 길을 선택한 목본 식물도 많이 있다. 목본 식물 중 속씨식물에도 새로운 형태가 탄생했다. 겨울에 낙엽을 떨어뜨리는 낙엽수다. 낙엽수가 탄생한 것은 백악기 말기 무렵이다.

공룡을 멸종시킨 운석이 지구에 충돌한 후 지구의 기후가 한랭화되었다. 이런 상황에서 추위에 견딜 수 있는 낙엽이라는 구조가 만들어졌다. 따라서 낙엽은 매우 뛰어난 구조다.

식물에게 잎은 광합성을 하기 위해 필수적인 기관이다. 동시에 잎에서는 식물체의 수분이 증발해서 대기 중으로 나오는 증산 작용이 이루어지므로 수분이 손실되는 단점이 있다.

운석 충돌로 발생한 대량의 먼지가 대기권으로 올라가 햇빛을 차단하자 식물의 광합성 활동이 감소하게 되었다. 광합성은 이산화탄소와 물로 유기물을 합성하는 화학 반응이므로 온도에 의존하는데 기온이 내려가자 광합성 능력이 떨어진 것이다.

기온이 내려가면 물기나 영양분을 빨아들이는 뿌리의 기능이 둔화되어 물의 양이 부족해진다. 광합성 능력은 저하되는데, 잎의 증산 작용으로 귀중한 수분을 낭비하게 된다. 이렇게 되면 식물의 잎은 짐이 되어 버린다.

이런 상태에서는 성장하는 것보다 인내하는 것이 중요하다. 그래서 식물은 광합성을 할 수 없으므로 수분을 절약하는 쪽을 선택한다. 스스로 잎을 떨어뜨리는 일종의 구조 조정인 셈이다. 낙엽수는 이렇게 해서 심각한 저온 조건을 극복하는 법을 터득했다.

하지만 속씨식물 나무 중에는 잎을 떨어뜨리지 않는 것도 있다. 떡갈나무와 녹나무는 겨울에도 잎이 떨어지지 않는다. 이 식물들을 상록수라고 하는데, 잎의 표면에 광택이 나므로 조엽수照葉樹라고도 한다. 잎에 광택이 나는 것은 이 나뭇잎이 큐티쿨라(각피)라는 왁스층으로 두껍게 코팅되어 있기 때문이다. 이 큐티쿨라가 여분의 수분이 증발하는 것을 막아 준다.

이 방법만으로는 혹독한 저온에서 살아남을 수 없는 데다 안타깝게도 오늘날에는 따뜻한 지방에서만 조엽수를 볼 수 있다. 이것이 잎을 떨어뜨리는 낙엽수가 더 추운 지역에 적응한 이유다.

쫓겨난 침엽수

일반적으로 속씨식물은 활엽수, 상대적으로 진화가 느리게 진행되는 겉씨식물은 침엽수로 분류한다. 활엽수에는 잎을 떨어뜨리는 낙엽수와 상록인 조엽수가 있다.

겉씨식물은 저온에 견딜 수 있도록 진화했다. 광합성 효율성이 떨어지기는 하지만 잎의 표면을 코팅하고 잎을 가늘게 만들어 수분 증발이 줄어들도록 했다. 잎이 바늘처럼 가는 모양이므로 침엽수라고 한다. 추위에 적응해서 진화한 낙엽수에 비해, 겉씨식물인 침엽수는 상당히 진화가 늦은 식물이다. 이렇게 진화가 늦게 일어나는 침엽수가 추위가 가장 심한 극지에 광활한 숲을 이루고 있다. 시베리아와 캐나다 북부 지역에 분포하는 타이가(taiga, 북반구 냉대 기후 지역에 나타나는 침엽수림), 일본 홋카이도의 전나무숲과 가문비나무숲을 그 예로 들 수 있다.

속씨식물이 획득한 구조 중 물관이 있다. 양치식물과 겉씨식물은 헛물관이라는 조직을 통해 물을 나르고 있다. 세포와 세포 사이에 작은 통로가 있는데 이 통로를 통해 세포에서 세포로 순차적으로 물을 전달한다. 말하자면 양동이로 릴레이를 하듯이 물을 나르는 것이다. 헛물관은 양치식물이 진화하면서 획득한 시스템이다. 물을 운반하는 효율성은 나쁘지만 그래도 뿌리에서 빨아올린 물을 운반하는 전용 기관이 있다는 것은 당시로서는 상당히 획기적이었다. 하지만 헛물관 세포도 몸을 지탱하는 줄기의 역할을 담당하고 있으므로 세포벽이 두꺼우며 물을 통과시키는 통로도 크게 만들 수는 없었다.

이에 비해 속씨식물은 세포와 세포 사이의 막을 완전히 없애고 구멍을 만들어서 수도관처럼 물의 통로 구실을 하는 물관이라는 구조를 가지고 있다. 또 몸을 지탱하는 세포와 물이 통과하는 부분의 기능을 분담시킴으로써 물의 통로 부분을 두껍게 만들 수 있었다. 속씨식물은 물이 통과하는 전용 조직을 통해 뿌리에서 빨아들인 물을 대량으로 운반한다. 헛물관도 물을 확실하게 운반할 수 있으므로 문제는 전혀 없다. 이 헛물관으로 겉씨식물은 오랜 시간에 걸쳐 천천히 성숙해진다.

하지만 이제 속도를 요구하는 시대가 되었다. 변화하는 환경에 대응하기 위해 속씨식물은 세대교체 속도를 가속화해야 하는데, 그러기 위해서는 신속하게 성장해서 최대한 빨리 꽃을 피워야 한다. 따라서 빨리 성장하기 위해서는 물을 효율적으로 운반할 수 있는 물관이 유리했던 것이다.

덜 진화된 형태로 살아가는 길

하지만 이 새로운 시스템에는 결점이 있다. 물이 쉽게 동결될 수 있다는 점이다. 물관 내부는 물이 올라갈 수 있도록 물기둥으로 되어 있다. 잎 표면에서 증산 작용으로 인해 물이 줄어들면 물관을 통해 그만큼 물이 올라온다. 물관을 가진 식물은 이 시스템에 따라 물을 빨아들이고 있다. 그런데 물관 속의 물이 동결된 후 얼음이 녹을 때 생긴 기포로 인해 물기둥에 공동空洞이 생긴다. 그러면 물관이 터져 물기둥 연결 부위에 틈이 생겨 물을 빨아올릴 수 없게 된다.

반면 겉씨식물의 헛물관은 세포와 세포 사이에 작은 구멍이 뚫려 있어, 이 구멍을 통해 세포에서 세포로 순차적으로 물을 전달하는 방법으로 물을 나른다. 이것은 물을 한꺼번에 통과시키는 물관에 비해 효율성이 상당히 떨어지는 방법이다. 그야말로 낡은 시스템이다. 하지만 양동이로 릴레이처럼 세포에서 세포로 물을 확실하게 전달하기 때문에 물관처럼 잘 터지지는 않는다. 따라서 겉씨식물은 추운 장소에서도 물을 빨아들여서 살아남을 수 있다. 이처럼 겉씨식물은 동결에 강하다는 우위성을 살려 극한의 땅에서 살아남았다.

지구에 속씨식물이 출현해서 분포를 넓혀 가던 시기에, 말기의 공룡들이 쫓겨난 겉씨식물과 함께 발견되었다. 속씨식물을 먹이로 삼을 수 없었던 공룡들이 겉씨식물과 함께 거주지를 빼앗긴 것이다. 그리고 생육에 적합한 온대 지역에 속씨식물이 확산되자 겉씨식물은 한랭한 지대로 분포를 이동시켰다.

현재 북쪽 지대에서 볼 수 있는 겉씨식물인 침엽수림은 속씨식물의 박해를 받은 겉씨식물의 자손들이다. 이들은 속씨식물이 낙엽이라는 새로운 시스템으로 극복한 냉혹한 환경도 이겨내고 살아남았다. 그 비밀은 바로 겉씨식물이 가진 구시대적 시스템 덕분이었다.

15장

포유류의
니치 전략

1억 년 전

약자가 획득한 것

포유류는 공룡이 멸종한 후에 출현했다고도 하는데 실제로 포
유류의 역사는 깊다. 포유류는 파충류에서 진화했다고 한다. 그
런데 양서류에서 파충류의 조상인 이궁류Diapsida가 진화하였
고, 동시에 포유류의 조상인 단궁류Synapsida라는 생물종도 출현
했다. 따라서 포유류도 양서류에서 진화했다고 할 수 있다.

  그 후 최초의 포유류가 출현한 것은 중생대 트라이아스기 후
기인 2억 5천만 년 전이다. 이는 공룡의 출현과 거의 같은 시
기다. 그런데 당시에 지구를 마음대로 휘두른 것은 공룡들이
었다. 우리의 조상 포유류는 공룡과의 패권 싸움에서 패자였
다. 그래서 포유류는 대형 공룡을 피해 달아났고 공룡의 활동
이 적은 야간에 활동하는 야행성 동물로 진화했다.

  하지만 포유류는 약한 존재였기 때문에 몸에 습득한 것이 있
다. 적에게서 자신의 모습을 숨기고 어둠 속에서 먹이를 찾을
수 있는 뛰어난 청각과 후각이다. 또 좁은 장소에서 활동할 수
있는 민첩성도 습득했다.

　포유류가 습득한 또 한 가지 무기가 태생이다. 알을 낳은 뒤 온갖 애를 써도 약한 존재인 포유류는 알을 지킬 수 있는 힘이 없었다. 그래서 어쩔 수 없이 알을 포기하고 간신히 도망간 적도 있었을 것이며, 필사적으로 지키려고 하다가 결국 빼앗긴 알이 먹이가 되어 버린 적도 있었을 것이다. 그래서 포유류는 알을 낳지 않고 배 속에서 새끼를 키워서 낳는 태생이라는 방법을 습득하게 되었다.

　생물이 생존하기 위해서는 '니치'가 필요하다. 공룡이 있는 동안 대부분의 니치는 공룡이라는 생물종이 자리를 차지하고 있었다. 그래서 포유류는 공룡이 없는 밤 시간에 니치를 찾았다. 생물의 생존에 필요한 니치란 도대체 무엇일까. 여기서 니치에 대해 잠시 알아보기로 하자.

생물의 니치 전략

인간의 비즈니스 세계에서는 '니치 전략'이라는 말이 있다. 니치란 큰 시장들 사이의 틈새에 있는 작은 시장을 의미하는 경우가 많다. 하지만 이 니치라는 말은 원래 생물학 용어로 사용되던 것이 마케팅 용어로 널리 퍼진 것이다.

　니치라는 말은 원래 장식품을 장식하기 위해 사찰 벽면에 오목하게 파서 만든 공간을 의미한다. 그런데 이 말이 생물학 분야에서 '어떤 생물이 서식하는 범위의 환경'을 가리키는 말로 사용되게 되었다. 생물학에서는 니치가 '생태적 지위'로 번역된다.[15]

패인 공간 하나에 하나의 장식품만 장식할 수 있듯이 하나의 니치에는 하나의 생물종만 살 수 있다. 생물에게 니치란 단순히 틈새를 의미하는 말이 아니다. 모든 생물이 자신만의 니치(서식지)를 가지고 있으며, 그 니치는 서로 겹치지 않는다. 니치가 겹치는 곳에서는 치열한 경쟁이 일어나 어느 쪽이든 한 종만 살아남는다.

말하자면 의자 뺏기 게임 같은 것이다. 의자 뺏기 게임에서 이긴 생물이 그 니치를 차지할 수 있다. 니치를 둘러싼 싸움은 야구의 레귤러 포지션 다툼에 비유할 수도 있다. 등번호 1번을 달게 되는 에이스 피처는 한 사람뿐이다. 캐처도 퍼스트도 모든 포지션에는 한 사람만 선택된다. 피처가 교체되면 다른 한 명의 피처는 마운드를 내려와야 한다. 피처스 마운드(투수가 투구를 하도록 지정된 구역)와 마찬가지로 하나의 니치는 하나의 생물종만 차지할 수 있다. 그래서 니치를 둘러싸고 치열한 싸움이 일어나게 된다.

---

15. 생물학 용어집에 따르면, '생태적 지위'는 한 개체가 자신의 환경에 있는 자원을 이용하는 방식으로 서식 공간과 소비하는 먹이 그리고 생식 시기 등을 포함한다.

생존 경쟁의 시작

하나의 니치에는 하나의 종만 살 수 있다. 공존은 인정될 수 없으며 넘버투는 사라질 운명에 있다. 자연계는 언제부터 이토록 치열해졌을까.

가우제의 법칙이라는 실험이 있다. 러시아의 생태학자 가우제Frentsevich Georgii Gause는 짚신벌레와 애기짚신벌레 두 종류의 짚신벌레를 하나의 수조에서 함께 기르는 실험을 했다. 과연 어떤 일이 일어났을까. 물과 먹이가 풍부하게 남아 있는데도 마지막에는 한 종류만 살아남고 다른 한 종류는 쫓겨나서 죽어 버렸다.

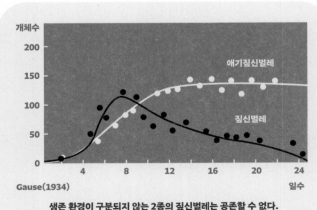

생존 환경이 구분되지 않는 2종의 짚신벌레는 공존할 수 없다.

같은 니치에서는 공존할 수 없다. 강한 자가 살아남고 약한 자는 죽는다. 이 원칙이 바로 경쟁 배타의 원리이다. 예능 프로그램에서는 중복된 캐릭터를 섭외하지 않는 경향이 있다. 비슷한 특징을 가진 연예인이 두 사람일 필요는 없다. 둘 중 하나가 출연할 수 있으므로 어느 한쪽은 필요하지 않기 때문이다. 연예계의 생존 경쟁이다. 넘버원만 살아남을 수 있다. 이것이 자연계의 혹독한 규칙이다. 이는 짚신벌레라는 단세포동물의 세계에서 이미 보여 준 원칙이다.

서식지 격리 전략

그런데 이상하다. 비슷한 생물은 공존할 수 없으므로, 넘버원만 살아남고 넘버투 이하의 생물은 죽을 수밖에 없다. 그렇다면 왜 자연계에는 이렇게 많은 생물이 존재하는 걸까.

계속해서 가우제의 실험을 살펴보자. 짚신벌레의 종류를 바꿔서 짚신벌레와 녹색짚신벌레*Paramecium bursaria*로 실험을 해 보니 다른 결과가 관찰되었다. 두 종류의 짚신벌레는 둘 다 죽지 않고 하나의 수조 속에서 공존했다.

이 실험에서는 왜 두 종류의 짚신벌레가 공존할 수 있었을까. 짚신벌레와 녹색짚신벌레는 사는 장소와 먹이가 다르기 때

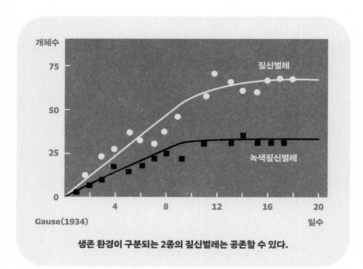

생존 환경이 구분되는 2종의 짚신벌레는 공존할 수 있다.

문이다. 짚신벌레는 수조의 위쪽에 머무르면서 먹이로는 떠다
니는 대장균을 먹는다. 반면에 녹색짚신벌레는 수조의 바닥 쪽
에 머물면서 먹이로는 효모균을 먹는다.

즉 짚신벌레는 수조 위쪽 세계에서 넘버원이며, 녹색짚신벌
레는 수조 아래쪽 세계에서 넘버원이다. 이처럼 같은 수조 안
에서도 살고 있는 세계가 다르면 경쟁할 필요 없이 공존할 수
있다. 이것을 서식지 격리라고 한다.

즉 같은 환경에 사는 생물끼리는 치열하게 경쟁해서 넘버원
만 살아남는다. 하지만 살아가는 환경이 다르면 공존할 수 있

는 것이다. 자연계에는 많은 니치가 있다. 모든 생물은 그 니치를 나눠 각각의 세계에서 살고 있다. 그 세계에서 모든 생물은 개성 있는 존재다.

같은 장소에서 서식지 격리하기

정말 모든 생물이 넘버원이며 니치를 나누고 있는 걸까.

현재 포유류의 세계를 살펴보자. 아프리카 사바나에는 다양한 초식 동물이 공존해서 살고 있다. 그들은 정말 서식지를 구분해서 살고 있는 걸까. 얼룩말은 초원의 풀을 먹는다. 반면에 기린은 땅에서 자라는 풀이 아닌 높은 곳에 있는 나뭇잎을 먹는다. 그래서 얼룩말과 기린은 같은 사바나 초원에 있어도 싸우지 않는다.

초원의 풀을 먹는 동물은 얼룩말 외에도 있다. 예컨대 영양과 톰슨가젤은 어떨까. 이 동물들도 먹이가 살짝 다르다. 말의 일종인 얼룩말은 풀의 끝부분을 먹는 반면, 소과에 속하는 영양의 한 종인 누는 풀 밑쪽에 있는 줄기와 잎을 먹는다. 그리고 사슴류인 톰슨가젤은 지면에 가까운 키 낮은 풀을 먹는다. 이처럼 같은 사바나에 있는 초식 동물이라고 해도 먹는 부분이 달라서 서식지를 구분해서 살고 있다.

또 사바나에는 흰코뿔소와 검은코뿔소 두 종류의 코뿔소가 있다. 이 코뿔소는 먹이를 놓고 다투는 일이 없을까. 흰코뿔소는 넓적하고 평평한 입술을 가지고 있어 지면에 가까운 키 작은 풀을 먹는다. 반면에 검은코뿔소는 입술 끝부분이 가늘어서 키 큰 풀을 먹기에 좋다. 짚신벌레가 그랬던 것처럼 코뿔소도 입 모양이 달라서 먹이가 겹치지 않는다.

니치는 단순히 장소의 문제가 아니다. 같은 장소라고 해도 먹이가 다르면 니치를 나눌 수 있다. 또 사는 계절이 달라도 니치를 나눌 수 있다. 이처럼 장소와 먹이를 변화시켜 공존하는 것을 서식지 격리라고 한다.

하지만 생물들이 평화 공존을 목표로 서식지 격리를 하는 것은 아니다. 치열한 경쟁의 결과로 서식지 격리가 발생한 것이다.

새로운 니치는 어디에 있을까

이처럼 다양한 생물이 자신만의 니치를 가지고 있다. 그리고 자연계는 많은 생물의 니치로 가득 채워져 있다. 이는 마치 의자 뺏기 게임과 같다. 의자 하나에는 생물 하나만 앉을 수 있기 때문에 모든 생물이 항상 의자를 빼앗으려고 한다.

안타깝게도 진화 과정에서 지구 위 대부분의 니치가 이미 채워졌다. 새로운 니치라는 것은 좀처럼 찾기 어렵다. 공룡이 지구를 지배했을 때 포유류에게 주어진 니치는 공룡이 없는 밤이라는 시간에, 공룡이 살지 못하는 작은 공간뿐이었다. 그래서 포유류는 부지런히 움직이면서 조심스럽게 살았다. 하지만 공룡이 사라진 후 지구상의 모든 니치에 빈자리가 생겼다. 그리고 비어 있는 니치를 채우듯이 포유류는 다양한 환경에 적응하면서 진화해 갔다.

포유류의 조상은 쥐처럼 작은 동물이었다고 하는데, 트리케라톱스 같은 풀을 먹는 초식 공룡이 없어지자 그 니치를 메우려는 듯 코뿔소와 소 같은 포유류가 진화했다. 그리고 초식 공룡을 먹이로 하던 티라노사우루스 대신 그 니치에는 호랑이와 사자 등의 맹수가 진화했다. 이처럼 다양한 환경에 적응해서 진화하는 현상을 적응 방산이라고 한다.

현재는 적응 방산의 예를 유대류에서 볼 수 있다. 캥거루 같은 유대류는 배 속에서 태아를 크게 키울 수 없기 때문에 미숙한 새끼를 낳아 주머니(육아낭) 속에서 키운다. 이처럼 육아낭을 가진 포유류는 원시적인 형태에 속한다. 따라서 배 속에서 태아를 충분히 키울 수 있는 동물이 진화하면 유대류는 멸종하게 된다. 하지만 호주에 존재했던 포유류는 캥거루류의 유대류뿐이었다. 따라서 유대류가 다양하게 진화한 것이다.

다른 대륙에서는 사슴이 차지하고 있는 대형 초식 동물의 니치를 메우듯 캥거루가 진화했다. 쥐의 니치에는 주머니쥐가, 날다람쥐의 니치에는 유대하늘다람쥐가 진화했다. 늑대 같은 육식 동물의 니치에도 태즈메이니아늑대가 진화했다. 또 두더지의 니치에는 남부주머니두더지가 진화했고, 특이하게도 나무늘보의 니치에는 코알라가 진화했다. 그 결과, 호주에는 유대류만 존재했는데 다양한 동물이 존재하는 다른 대륙과 마찬가지로 다양한 동물이 진화하게 되었다.

이와 같이 의자 뺏기 게임처럼 비어 있는 니치가 신속하게 채워졌다. 하나의 조상에서 다양한 종으로 진화한 유대류와 마찬가지로 공룡이 멸종한 후에는 포유류도 다양하게 진화하면서 니치를 채워 갔다. 그래서 다양한 동물의 세계가 만들어진 것이다.

포유류가 세계를 지배할 수 있었던 이유

포유류들은 공룡이 멸종되고 빈 니치를 채우면서 번성하게 되었다. 결국 포유류는 공룡 대신 지상의 지배자가 되었다. 하지만 공룡이 멸종한 직후 지구에서 강한 영향력을 가진 것은 포유류가 아니었다. 포유류와 함께 멸종 위기를 극복한 조류와 파충류였다.

조류와 파충류는 공룡이 존재했던 시대에도 어느 정도의 지위를 확보하고 있었다.[16] 조류는 하늘을 마음대로 지배하는 하늘의 왕자였고, 악어를 보면 알 수 있듯이 파충류는 대형 동물로도 진화를 이룬 물가의 왕자였다. 이에 비해 포유류는 아무런 진화도 이루지 못한 생쥐 같은 존재였다. 니치를 빼앗겨 아주 작은 니치에 갇혀 있었다. 하지만 그것이 다행이었다.

조류는 다른 생물이 이룰 수 없었던 비행이라는 진화를 이루었고 하늘을 얻은 승리자다. 악어 같은 파충류도 물가에서는 이미 왕자였다. 육상에서는 공룡이 지배하고 있었지만 물가에서는 악어가 공룡을 먹이로 삼을 정도였다. 오늘날에도 악어는 공룡 시대와 변함없는 모습으로 지구에 존재하고 있다. 즉 악어라는 형태는 공룡 시대에 이미 완성되었다.

이처럼 이미 자신의 성공한 모습을 가지고 있었던 조류와 파충류는 그 모습을 무너뜨리면서까지 크게 변화할 수는 없었다. 하지만 포유류는 아무런 진화도 이루지 못했다. 어떤 변화를 해도 잃을 게 없는 '제로' 상태였던 것이다.

뭔가에 도전할 때 잃을 게 아무것도 없는 제로 상태보다 강

---

16. 조류와 공룡 모두 파충류이지만, 여기서 말하는 파충류는 조류와 공룡을 제외한 파충류를 의미한다.

한 것은 없을 것이다. 제로 상태였던 포유류는 다양한 환경에 맞춰 자유자재로 변화해 갔다.

멸종되어 가는 것

니치를 차지하려고 다투는 진화 과정에서 포유류 사이에서도 니치를 둘러싼 처절한 경쟁이 있었다. 대표적인 예로 기간토피테쿠스가 있다. 기간토피테쿠스는 약 100만 년 전에 인류와의 공통 조상에서 분리되면서 진화한 유인원이다. 기간토는 영어로는 '자이언트giant'라는 뜻이며, 기간토피테쿠스는 '거인'이라는 뜻이다. 이름처럼 기간토피테쿠스는 거대한 몸집에 키가 3미터, 체중이 500킬로그램이나 된다. 고릴라보다 훨씬 거대한 사상 최대의 유인원이다. 이렇게 강한 유인원이 어떤 이유로 멸종된 걸까.

일설에 따르면, 대왕판다와 니치를 둘러싼 경쟁에 패배했기 때문이라고 한다. 대왕판다도 '자이언트'라는 이름이 들어간 대형 동물이다. 대왕판다는 대나무를 주식으로 하는 대형 포유류다. 기간토피테쿠스도 대나무를 주식으로 했기 때문에 대왕판다와 니치가 겹친 것이 멸종의 원인일 것이다. 이 둘은 그야말로 생존을 건 의자 뺏기 게임을 했을 것이다. 니치를 둘러싼 싸움은 이 정도로 격렬한 것이다.

비켜 가기 전략

하나의 니치에 하나의 생물이 존재한다. 하지만 야구의 포지션 경쟁이 치열한 것처럼 먼저 획득한 니치라고 해도 안전하지는 않다. 자신의 니치와 중복되는 라이벌이 출현하면 치열한 경쟁을 해야 한다. 하지만 경쟁이란 것은 살아남느냐 멸종하느냐 하는 치열한 문제다. 모든 것을 걸고 니치를 겨루기에는 위험이 크다.

자연계에는 무수한 니치가 있다. 니치를 고집하면서 치열한 싸움을 계속하는 것보다 자신의 니치 주변에 새로운 니치를 찾을 수는 없는 걸까. 니치를 확보한 생물종이 현재의 니치 주변에서 새 니치를 찾는다.

이것을 니치 시프트(서식지 전환)라고 한다. 즉 니치를 비켜 가는 것이다. 이를테면 같은 장소에서 살고 있어도 먹이가 다르면 공존할 수 있다. 혹은 먹이가 같아도 서식 장소가 다르면 공존할 수 있다. 먹이나 장소가 같아도 서식하는 시기나 시간이 다르면 공존할 수 있다. 다투기보다 마주치지 않게 비켜 가면 니치를 확보할 가능성은 커지고 위험은 작아진다. 이것이 비켜 가기 전략이다.

캐릭터가 중복되는 연예인이 서로의 차이를 찾고 새로운 개성을 찾는 것처럼, 생물 또한 니치를 비켜 가면서 자신만의 니치를 확보한다. 이렇게 해서 많은 생물이 공존하는 자연계가 만들어졌다.

16장　　　　하늘이라는
　　　　　　니치

하늘에 진출하다

생물의 서식지를 니치라고 한다. 생물종이 생존하기 위해서는 니치를 확보하는 것이 중요하다. 다양한 생물이 바다라는 니치를 차지하고 급기야 육상으로 진출해서 니치를 차지했다.

수중과 육상의 니치를 모두 차지해 버린 생물에게 더 이상 새로운 니치는 없는 걸까. 하늘은 어떨까. 우리의 머리 위에는 광활한 공간이 펼쳐져 있다. 물론 생물들은 하늘이라는 광활한 니치에 도전했다. 사람은 하늘을 날아가는 생물들을 바라보면서 하늘을 날고 싶다고 동경했다. 그리고 하늘에 도전했지만 실패를 거듭했다. 하지만 인간이 비행기를 발명하고 하늘을 날 수 있게 된 것은 20세기가 된 후의 일이다.

생물들은 어떻게 해서 하늘을 날게 되었을까.

하늘을 정복한 자들

지구 역사상 처음으로 하늘을 날게 된 생물은 곤충이다. 대략

3억 년 전의 일이다. 양서류가 마침내 육상에 진출하려는 즈음에 이미 곤충들은 지금과 별로 다르지 않는 모습으로 하늘을 날고 있었다. 곤충의 진화는 수수께끼로 가득 차 있다. 도대체 곤충들은 어떻게 하늘을 나는 날개를 가지게 된 걸까. 아쉽게도 곤충의 날개에 대한 유래는 지금도 알 수 없다.[17]

당시 하늘을 지배하고 있던 것은 메가네우라*Meganeura*라는 날개폭이 70센티미터나 되는 거대한 잠자리처럼 생긴 곤충이다. 오늘날에는 곤충이라고 하면 모두 소형으로, 메가네우라 같은 거대한 곤충은 없다. 고생대에 거대한 곤충이 활약할 수 있었던 배경으로는 산소 농도 때문이라고 한다.

당시에는 육상에 진출한 양치식물이 활발하게 광합성을 하면서 왕성하게 산소를 방출했다. 따라서 현재의 산소 농도가 21퍼센트인데 비해, 당시에는 35퍼센트로 지금보다 높았다. 곤충을 비롯한 절지동물의 호흡은 기문氣門으로 마신 산소를 그대로 체내로 확산시키는 단순한 구조다. 따라서 산소 농도가 높지 않으면 몸 구석구석까지 산소를 공급할 수 없다. 하지만 마침내 산소 농도가 저하되었다. 그 원인은 알 수 없는데, 화산 폭발에 따른 식물의 감소, 화재에 의한 식물의 소실이 원인으로

---

17. 날개가 될 부분이 곤충의 열 조절에 쓰이는 구조였다는 설이 유력하기는 하다.

짐작된다. 또 기후 변화에 따라 비가 많이 내리자 식물을 분해
하는 균류가 발달한 것도 요인의 하나로 보고 있다.

메가네우라와 같은 거대 곤충이 활약한 것은 고생대 석탄기
다. 석탄기에는 식물이 말라도 그것을 분해하는 균류가 별로
활발하지 않았다. 따라서 식물이 왕성하게 생육했다가 말라도
분해되지 않고 그대로 버려졌다. 이렇게 해서 수목이 화석화된
것이 석탄이다. 이처럼 지층에 석탄이 함유되어 있어서 이 시
기를 석탄기라고 한다. 하지만 균류가 활발하게 움직이게 되자
식물을 분해하면서 산소를 소비하게 되었고, 따라서 산소 농도
가 저하되었다.

저산소 시대의 정복자

산소 농도가 저하되자 곤충들은 호흡을 할 수 있는 크기로 소
형화되었다. 몸이 작으면 산소 농도가 낮아도 몸속에 산소를
충분히 골고루 퍼지게 할 수 있다. 소형화되기는 했지만 하늘
을 날아다닐 수 있는 생물은 곤충뿐이었다.

석탄기에 번성했던 것은 우리 포유류의 조상에 해당하는
포유류형 파충류였다. 하지만 포유류형 파충류도 저산소 상태
를 극복하지 못하고 쇠퇴하여 소수의 작은 개체만 생존하게

되었다. 반면에 저산소 시대에 적응해서 번성한 생물이 있다. 바로 공룡이다. 공룡은 산소 농도가 낮은 조건에서 기낭氣囊이라는 기관을 발달시켰다. 폐의 앞뒤로 붙어 있는 기낭은 공기를 비축하고 내보내는 펌프 같은 역할을 한다.

우리 인간은 호흡을 할 때 숨을 들이마셔서 폐 속으로 공기를 넣는다. 폐로 산소를 흡수하고 숨을 내쉬면서 이산화탄소를 몸 밖으로 내보낸다. 즉 공기가 폐까지 갔다가 오는 것이다. 단선 전철처럼 들이쉬는 숨과 내쉬는 숨이 차례로 폐를 왔다 가는 것이다. 이에 비해 기낭은 다르다. 공기가 폐에 들어가기 전에 기낭으로 들어가고 기낭에서 폐로 보내진다. 그리고 폐에서 다른 기낭을 통해 배출된다. 즉 일방통행이다. 따라서 숨을 들이쉴 때도 폐 속의 기낭에 신선한 공기가 들어가고, 숨을 내쉴 때도 기낭에서 공기를 내보낸다. 상당히 효율적인 호흡 시스템이다. 이 기낭을 발달시킨 공룡은 저산소 환경에 적응하여 번성을 이루게 되었다.

이윽고 공룡 중에 프테라노돈처럼 날개를 가진 익룡이 출현했다. 하지만 그들은 능숙하게 날지 못하고, 주로 수면 인근에서 활공하다가 가까이 올라온 물고기를 낚아채는 정도였다. 따라서 장애물이 있는 장소나 숲속처럼 요령 있게 날아가야 할 장소에는 익룡의 니치가 없었다.

디메트로돈*Dimetrodon*

석탄기에 번성했던 포유류형의 파충류

그런 상황에서 공룡 중에서 날개를 진화시켜 능숙하게 비행하는 것이 등장했다. 바로 조류다. 조류가 공룡에서 진화했다는 것은 이제 정설이 되었다. 조류의 조상은 티라노사우루스 등의 육식 공룡으로 진화한 수각류獸脚類다.

하늘을 지배한 익룡

조류들이 출현한 뒤에도 광활한 하늘을 지배하는 것은 익룡이

었다. 하늘을 지배하는 권리를 둘러싸고 익룡들은 서로 경쟁했
다. 익룡은 대형화되었고 경쟁에 패배한 익룡은 멸종되었다. 이
렇게 생존 경쟁을 펼치는 가운데 익룡의 종류는 줄어들었다.

한편 익룡에게 하늘을 빼앗긴 조류들이 힘으로 지배하는 경
쟁에 참여하지 않고 익룡과 니치를 나누기 위해 소형화되었다.
그리고 그 결과로 새의 종류가 증가했다. 그리고 익룡을 포함
한 공룡들이 멸종한 지금, 하늘을 지배하는 것은 조류다. 아니,
공룡은 멸종한 것이 아니라 새가 되어 지금도 살아 있다고 할
수 있다. 어쨌든 이제 하늘은 조류의 것이다. 조류 중에는 높이
1만 미터 이상을 비행하는 새도 있다고 한다. 이 정도 높이면
제트기와 다를 바 없는 고도다.

새가 이렇게 높은 하늘까지 날 수 있는 것은 바로 기낭을 가
지고 있기 때문이다. 기낭 덕분에 새들은 공기가 희박한 상공을
날 수 있다. 저산소 시대에 공룡은 바로 이 기낭을 가지게 된 것
이다. 새들은 공룡이 가지고 있던 기낭을 능숙하게 이용해서 하
늘을 얻었다. 그리고 지구의 모든 곳으로 분포를 넓혀 갔다.

하늘을 지배하는 것

공룡이 멸종되고 익룡들도 사라지자 광활한 하늘이라는 니치

가 활짝 열렸다. 새들은 그 니치를 채우기라도 하듯이 진화했지만 광활한 하늘에는 여전히 채워지지 않은 니치가 있었다. 그래서 어떤 포유류는 하늘로 진출하기로 계획했다. 바로 박쥐다.

박쥐의 진화도 수수께끼로 가득 차 있다. 박쥐는 하늘로 진출하기는 했지만 지배력 다툼에서는 조류가 승리를 거두었다. 그래서 박쥐는 조류가 없는 하늘을 선택했다. 밤하늘이었다. 새들이 잠잠해질 무렵이 되면 박쥐들은 비행을 시작한다. 박쥐는 현재까지 발견된 것만 약 980종으로 보고되어 있다. 놀랍게도 이는 지구상의 전체 포유류 중 4분의 1을 차지하는 수치다. 일본에 서식하는 포유류 중 3분의 1에 해당하는 35종이 박쥐다. 박쥐는 우리 눈에 잘 띄지 않지만 가장 번성했던 포유류다.

그런데도 하늘을 날아다니는 생물의 진화 과정에는 수수께끼가 많다. 곤충도, 새도, 박쥐도, 어떤 생물도 어떤 진화 과정을 거쳐 날개를 가지게 되었는지 알 수 없다. 날아다닐 수 있기까지 많은 시행착오를 겪었을 텐데도 그 중간 단계의 생물 화석은 발견되지 않았다. 곤충도, 새도, 박쥐도 진화 과정에서 생물로 출현했을 때는 이미 하늘을 날고 있었다. 어쩌면 하늘을 비행하는 것이 인간이 생각하는 것보다 어려운 진화가 아닐지도 모른다. 땅바닥만 보고 있는 것이 아니라 하늘이라는 니치가 비어 있다는 것을 알아차릴 수 있는 것이 중요하다.

17장

원숭이의
시작

2천 600만 년 전

속씨식물의 숲이 만든 새로운 니치

공룡 시대, 광활한 숲을 만들었던 것은 겉씨식물이었다. 겉씨식물은 바람으로 꽃가루를 옮기는 풍매화이므로 바람이 숲속을 지나가야 한다. 따라서 겉씨식물은 가지를 펼치지 않고 줄기를 똑바로 뻗어서 바람이 나무 사이를 빠져나갈 수 있도록 숲을 만들었다.

그런데 이후 출현한 속씨식물은 꽃가루를 곤충이 옮겨 주는 충매화다. 그래서 바람이 빠져나가는지 여부는 상관하지 않고 빛을 받기 위해 가지와 잎을 빽빽하게 달아서 숲을 무성하게 만들었다. 이렇게 나무와 나무 사이에 가지가 겹치면서 잎이 무성한 깊은 숲이 만들어졌다.

나무 위에 가지와 잎이 많이 달려 있는 부분을 수관이라고 한다. 포유류 중 이 수관이라는 서식지를 니치로 삼은 것이 나타났다. 우리의 조상 원숭이다.

원숭이가 획득한 특징

나무 위를 서식지로 선택한 원숭이류에는 지상에 사는 포유류와는 다른 특징이 있다.

첫 번째는 눈의 위치다. 일반적으로 지상에 사는 동물 중 초식 동물은 눈이 얼굴의 옆면에, 그리고 사자나 호랑이 같은 육식 동물은 눈이 얼굴 정면에 붙어 있다. 초식 동물은 적을 발견하기 위해 한쪽 눈으로 보더라도 넓은 시야가 필요한 반면, 육식 동물은 먹이와의 거리감을 측정하기 위해 두 눈으로 똑똑히 확인할 필요가 있기 때문이다. 원숭이류는 나무의 가지에서 가지로 옮겨 다니기 위해 정확한 거리가 필요하다. 그래서 육식 동물과 마찬가지로 눈이 정면을 향해 있다.

두 번째는 손의 변화다. 원숭이류는 엄지손가락이 다른 4개의 손가락과 서로 마주보고 있어 나뭇가지나 먹이를 잡을 수 있다. 또 대부분의 동물은 나무에 발톱을 걸어서 올라가는 데 비해, 나무 위에서 생활하는 원숭이는 가지를 잡을 때 방해가 되는 발톱을 납작한 모양의 편조扁爪로 변화시켰다. 그리고 손끝의 감각으로 가지를 잡게 되었다.

원숭이의 먹이, 과일

원숭이는 먹이로 수관에 서식하는 곤충을 잡아먹는 경우가 많은데, 어떤 원숭이는 나무 위에 풍부하게 열린 열매를 먹기도 한다. 앞서 소개했듯이 식물의 열매가 붉어지는 것은 그것이 숙성한 열매라는 신호를 보내기 위해서다. 이것은 식물이 새들과 맺은 사인이다. 새는 붉은색을 볼 수 있지만 포유류는 붉은색을 식별하지 못한다.

밤의 어둠 속에서 가장 눈에 띄지 않는 색은 붉은색이다. 공룡이 활보하던 시절에 포유동물의 조상은 공룡의 눈을 피해 야행성으로 생활하면서 붉은색을 식별하는 능력을 잃어 버렸다. 그런데 포유동물 중에서 유일하게 붉은색을 볼 수 있는 동물이 바로 원숭이다. 원숭이 중 일부는 붉은색을 볼 수 있다. 우리 인류의 조상은 포유류가 한 번 잃어 버렸던 붉은색 식별 능력을 되찾았다.

과일을 먹기 위해 잘 익은 과일의 색을 인식할 수 있게 된 것인지, 아니면 붉은색을 볼 수 있게 되어서 과일을 먹게 되었는지는 분명하지 않지만 우리 조상들은 새와 마찬가지로 잘 익은 붉은 과일을 인식하고 과일을 먹이로 삼게 되었다.

18장   역경을 거쳐
진화한 풀

600만 년 전

공룡 멸종 이후 변화된 환경

소행성의 충돌 이후 공룡이 멸종하고 신생대가 된 후 얼마 지
나지 않아 지구는 한랭화되었다. 6,550만 년 전의 일이다. 추
워지면서 상승 기류가 약해져서 비가 내리지 않게 되었고 내
륙에서는 한랭화가 진행되었다.

이렇게 건조 지대가 되면서 숲이 손실되고 초원이 펼쳐지게
되었다. 식물에게도 초원은 열악한 환경이다. 어쨌든 초원은
초식 동물의 위협에 노출된 장소가 되었다.

깊은 숲이라면 풀과 나무가 복잡하게 우거져서 모든 식물이
먹이가 되지는 않을 것이다. 하지만 전망이 좋은 초원에서 식
물은 숨을 곳이 없다. 또 자라는 식물의 양도 한정되어 있다.
초식 동물들은 얼마 안 되는 식물을 경쟁하듯이 먹어 치웠다.
이처럼 초원이라는 환경에서 식물은 도대체 어떻게 몸을 지켜
야 할까.

왜 유독 식물이 적을까?

몸을 보호하는 수단으로 효과적인 방법은 독성 물질을 생산하는 것이다. 그런데 유독 식물은 많이 존재하지만 유독 식물이라고 할 수 있는 것은 한정되어 있다. 왜 모든 식물이 유독 식물이 되지 않는 걸까.

식물은 병원균이나 해충에게서 자신의 몸을 지키기 위해 어떤 물질을 가지고 있다. 이런 물질은 대부분 탄수화물로 만들어진다. 탄수화물은 식물이 광합성을 하면 만들 수 있기 때문에 성장하면서 광합성을 해서 탄수화물을 축적하면 유독 물질은 얼마든지 만들어 낼 수 있다.

그런데 동물에 대한 대항 수단으로 효과적인 독성분은 알칼로이드다. 알칼로이드는 질소를 함유하는 유기 화합물이다. 질소는 식물이 뿌리를 통해 흡수하는 것으로, 한정된 자원이다. 질소는 식물체를 구성하는 단백질의 원료이며 성장에 필수적인 요소다. 따라서 식물이 알칼로이드 같은 독성분을 생산하기 위해서는 성장할수록 질소를 줄여야 한다.

식물로서는 동물의 먹이가 되지 않는 것이 중요하지만 질소를 줄이면 그만큼 성장하는 데 에너지를 쏟을 수가 없다. 성장한다는 것은 식물에게 그 무엇보다 중요한 일이다. 식물은 종류가 많으므로 먹잇감이 많은 식물이 우거져 있는 장소에서 동물의 먹이가 되는 일은 드물다. 유독 물질을 만들기 위해 제 대로 성장하지 못하고 힘들게 잎 몇 개만 겨우 지키고 있는 것 보다, 다른 식물에 못지않게 가지와 잎을 무성하게 늘리는 것 이 낫다.

초원 식물의 진화

하지만 건조한 초원에는 물이 적고 토지도 메말라 있다. 독을 만들기에 충분한 영양분도 없는 데다, 빨리 성장하지도 않아 초식 동물의 먹이가 되는 속도를 따라잡지 못할 정도다. 게다 가 이렇게 적은 양의 식물을 초식 동물들은 함께 먹으러 다닌 다. 따라서 식물은 초식 동물에게서 달아날 수 없다.

이 혹독한 환경에서 눈에 띄게 진화한 것이 볏과 식물이다. 볏 과 식물은 어떻게 이런 상황을 극복했을까.

첫째, 볏과 식물은 초식 동물이 먹기 힘들게 하기 위해 뻣뻣 한 잎을 만들었다. 볏과 식물은 잎이 뻣뻣한데, 먹이가 되지 않 으려고 규소로 잎을 뻣뻣하게 만드는 방법을 터득했기 때문이 다. 규소는 유리의 원료로 사용되기도 하는 단단한 물질이다. 들판에서 억새 잎을 잘못 만지면 손가락이 베이기도 하는데, 이는 억새 잎 가장자리에 난 날카로운 톱니 같은 유리질 때문이다. 이런 식물은 도저히 먹이가 될 수가 없다. 식물이 먹이가 되지 않으려면 가시로 몸을 지켜도 되지만, 가시를 만드는 것은 추가로 잎을 만드는 것과 마찬가지이므로 비용이 든다. 그런데 규소는 흙 속에 다량 녹아 있기 때문에 얼마든지 이용할 수 있다.

그뿐만이 아니라 볏과 식물은 잎에 섬유질이 많아 소화가 잘 되지 않는다. 이처럼 볏과 식물은 자신의 잎을 먹지 못하게 하기 위해 뻣뻣하고 날카롭게 만들어서 몸을 지킨다. 볏과 식물이 유리질을 체내에 축적하게 된 것은 약 600만 년 전으로 추측된다. 이는 동물에게는 극적인 대사건이었다. 놀랍게도 볏과 식물의 출현으로 먹이를 먹지 못하게 된 초식 동물들은 대부분 멸종한 것으로 추측된다.

몸을 낮추어 스스로 보호하기

하지만 먹이를 먹지 않으면 초식 동물들도 죽기 때문에 먹기 어렵다는 이유만으로 먹는 것을 포기하지는 않는다.

볏과 식물은 다른 식물과는 아주 다른 특징이 몇 가지 발달해 있다. 가장 특징적인 것이 생장점이 밑동 쪽에 있다는 것이다. 일반적으로 식물은 줄기 끝에 생장점이 있으며, 이 생장점을 기준으로 세포 분열을 하면서 새로운 세포를 만들어 계속 위로 뻗어 올라간다. 따라서 초식 동물에게 줄기 끝이 먹히면 중요한 생장점도 먹혀 버리므로 성장이 멈추게 된다. 그래서 볏과 식물은 생장점을 최대한 낮은 위치에 배치하기로 했다. 물론 볏과 식물도 줄기에 생장점이 있다. 하지만 줄기 끝이 아니라 줄기 밑동 부분에 생장점을 배치해서 거기서 위로 뻗어 나가는 성장 방식을 선택했다. 이렇게 하면 아무리 먹이가 된다고 해도 잎사귀 끝만 먹히므로 생장점에 상처를 남기지는 않는다. 이는 식물의 성장 방법으로는 완전한 역발상이다.

하지만 이러한 성장 방식에는 심각한 문제가 있다. 새로운 세포를 위로 계속 쌓아 올리는 방법은 세포 분열을 하면서 마음대로 가지를 뻗어 잎을 무성하게 만들 수 있다. 하지만 잎을 만들어 밑에서 위로 밀어 올리는 방식으로는 원하는 대로 잎의 수를 늘릴 수 없다. 그래서 볏과 식물은 생장점의 개수를 계속 늘리는 방법을 생각해 냈다. 이것이 '분열'이다. 볏과 식물은 줄기가 높이 자라지 않지만 조금씩 줄기를 뻗으면서 지면 근처에서 가지를 확장해 나간다. 그리고 이 가지가 다시 새로운 가지를 늘려서, 지면에 있는 생장점을 차츰 증식시키면서 밀어 올리는 잎의 수를 늘려 나간다. 이렇게 해서 볏과 식물은 지면 근처에서 잎이 많이 나온 그루를 만든다.

그뿐만이 아니다. 이미 소개했듯이 볏과 식물은 잎이 뻣뻣해서 먹기 힘든 데다, 동물의 먹이가 되지 않도록 잎의 영양분을 줄인다. 볏과 식물은 광합성으로 만들어 낸 영양분을 잎의 밑동에 있는 엽초 부분과 줄기로 대피시켜 축적한다. 그리고 땅위의 잎은 영양가를 최대한 줄이기 위해 단백질을 최소한으로 만들어 매력 없는 먹잇감으로 만들어 버렸다. 이렇게 해서 볏과 식물은 잎이 뻣뻣하고 영양분도 적으며 소화도 잘 안 되게 하여 동물의 먹이로 적합하지 않도록 진화했다.

초식 동물의 반격

볏과 식물은 먹이로 적합하지 않다. 하지만 동물도 뻣뻣하고 영양가 없는 볏과 식물이라도 먹지 않으면 초원의 혹독한 환경에서 살아남을 수 없다.

그래서 볏과 식물의 방어책에 대응하여 진화한 것이 소와 말을 비롯한 초식 동물이다. 소는 위가 4개 있다. 이 4개의 위로 섬유질이 많고 뻣뻣하며 영양가가 적은 잎을 소화한다. 4개의 위 중 인간의 위와 같은 역할을 하는 것은 네 번째 위다.

첫 번째 위는 용적이 커서 먹은 풀을 저장할 수 있다. 그리고 미생물이 작용하여 풀을 분해해서 영양분을 만들어 내는 발효

조가 되기도 한다. 마치 콩을 발효시켜 영양가 있는 된장이나 청국장을 만들거나, 쌀을 발효시켜 술을 만드는 것처럼 소는 자신의 위 속에서 발효 식품을 만들어서 영양가를 높인다.

두 번째 위는 먹이를 식도로 밀어내서 반추(되새김질)하기 위한 위다. 반추란 삼켜서 위 속에 넣어 둔 먹이를 다시 입으로 되돌려 씹는 것이다. 소는 먹이를 먹은 뒤 드러누워서 입을 우물거린다. 이렇게 먹이가 위와 입 사이에서 몇 차례 왔다 갔다 하면서 볏과 식물이 소화되는 것이다.

세 번째 위는 먹는 양을 조절하는 곳으로, 첫 번째 위와 두 번째 위로 먹이를 되돌려 보내거나 네 번째 위로 먹이를 내보낸다.

마지막으로 네 번째 위는 위액을 분비해서 먹이를 소화시킨다. 즉 원래의 위인 네 번째 위의 앞에서 볏과 식물을 전처리해서 잎을 부드럽게 한 다음, 미생물 발효를 활용해서 영양가 있는 먹이를 만드는 것이다.

초식 동물이 거대한 이유

소뿐 아니라 염소와 양, 사슴, 기린 등 되새김질을 해서 먹이를 소화하는 것이 반추 동물이다. 말은 위가 하나뿐이지만 발달된

맹장 속에서 미생물이 식물의 섬유분을 분해하는 방식으로 소화한다. 이렇게 해서 스스로 영양분을 만들어 낸다. 토끼도 말도 맹장이 발달되어 있다. 이 과정을 거쳐 초식 동물은 다양한 방식으로 뻣뻣하고 영양가 없는 볏과 식물을 소화 흡수해서 영양분을 얻는다.

그런데 영양가가 거의 없는 볏과 식물만 먹는 것치고는 소나 말의 몸집이 크다. 소나 말은 왜 그렇게 몸집이 클까. 초식 동물 중에서도 소와 말은 주로 볏과 식물을 먹이로 삼고 있다. 볏과 식물을 소화하기 위해서는 4개의 위와, 길게 발달한 맹장처럼 생긴 특별한 내장을 가져야 한다. 또 영양분이 적은 볏과 식물에서 영양분을 얻기 위해서는 많은 양의 볏과 식물을 먹어야 한다. 이처럼 발달한 내장을 가지기 위해 용적이 큰 몸이 필요했다.

19장 호모 사피엔스는 패자였다

400만 년 전

숲에서 쫓겨난 원숭이

인류의 기원이 아프리카 대륙에서 유래되었다는 학설이 있
다. 인류의 탄생은 아직도 수수께끼에 싸여 있지만 일설에는
아프리카 대륙에서 일어난 거대한 지각 변동과 관련이 있다고
한다. 아프리카 대륙은 맨틀 대류에 의해 밀려 올라가서 융기
했다. 이렇게 생긴 것이 동아프리카 대지구대(아시아 남서부 요르
단에서 아프리카 동남부 모잠비크까지 이어지는 세계 최대의 지구대)다.

동아프리카 대지구대는 아프리카 대륙을 동서로 분단시켜
버렸다. 그리고 동아프리카 대지구대 서쪽에는 그때까지 삼림
이 남아 있었던 반면, 동쪽에는 비가 오지 않아 건조한 초원으
로 점차 바뀌었다. 동아프리카 대지구대 서쪽에서는 원숭이들
이 여전히 울창한 숲에서 살 수 있었다. 하지만 숲이 점차 줄어
들기 시작하면서 동쪽의 원숭이들은 심각한 위기에 처했다. 숲
이 있어서 보호를 받던 원숭이들에게 초원은 살 곳도 먹을 것
도 없고, 육식 동물에게서 달아날 나무조차 없는 위험한 장소
다. 초원에서 원숭이는 연약한 존재다. 연약한 원숭이들이 어

떻게 해서 이런 혹독한 환경을 이겨 내고 살아남은 걸까. 모든 것이 수수께끼다.

하지만 원숭이들은 멸종되지 않고 생명을 이어 나가 결국 인간으로 진화했다. 이는 700만 년 전에서 500만 년 전으로 추측된다. 혹독한 환경에서 살아남은 인간은 이족 보행과 도구 사용 등 그때까지의 동물과는 다른 능력을 발달시켰다. 그러다가 지능이라는 양날의 검을 손에 넣게 되었다.

인류의 라이벌

우리 인간의 생물학적 이름은 호모 사피엔스다. 호모속의 생물이 지구에 출현한 것은 400만 년 전으로 추측된다. 이후 다양한 호모속의 인종이 태어났다가 사라져 갔을 것으로 추측된다. 우리 호모 사피엔스가 등장하는 것은 호모속이 등장한 뒤 한참 지난 20만 년 전의 일이다.

같은 시대에는 호모 사피엔스의 라이벌인 호모 네안데르탈렌시스, 즉 네안데르탈인이 있었다. 인류의 조상은 아프리카에서 태어났다고 한다. 네안데르탈인은 약 35만 년 전에 아프리카 대륙을 떠난 인류의 후손이다. 그에 비해 아프리카에 머물렀던 인류가 머지않아 호모 사피엔스로 진화하게 된다. 일찍이

한랭 지방으로 진출했던 네안데르탈인은 진화하면서 크고 단
단한 몸을 가지게 되었다.

열대에 서식하는 태양곰(말레이곰)에 비해 추운 지역에 사는
큰곰은 몸집이 거대하며, 북극에 사는 북극곰은 몸집이 더욱
거대하다. 추운 지역에서는 몸집이 커야 체온을 유지하는 데
유리하기 때문이다.[18] 이처럼 한랭한 지역에서 생물이 대형화
하는 현상을 베르그만의 법칙이라고 한다. 추운 지역에서 발달
한 네안데르탈인도 강인한 힘을 가진 대형 인류였다. 이에 비
해 아프리카에서 태어난 호모 사피엔스는 몸집도 작고 힘도
약했다. 이 호모 사피엔스가 마침내 아프리카 밖으로 진출하
기 시작하면서 네안데르탈인과 만나게 된 것이다.

멸종된 네안데르탈인

네안데르탈인과 호모 사피엔스를 비교하면 네안데르탈인이
더 뛰어났다고 할 수 있다. 네안데르탈인은 강인한 육체를 가
지고 있었고, 뇌 용량도 네안데르탈인이 호모 사피엔스보다 컸
다. 네안데르탈인은 호모 사피엔스보다 더 좋은 체력과 두뇌를

18. 몸집이 클수록 표면적 부피가 작아지기 때문에 표면을 통한 열의 소모량이 줄어든다. 따
라서 체온을 일정하게 유지하는 데 유리하다.

가지고 있었던 것이다. 하지만 네안데르탈인은 결국 멸종되었고 지금 지구에서 번성하고 있는 것은 호모 사피엔스였던 우리다.

네안데르탈인과 호모 사피엔스의 운명을 가른 것은 무엇이었을까. 호모 사피엔스는 뇌가 작지만 커뮤니케이션을 도모하기 위한 소뇌가 발달했다. 약한 자는 무리를 만든다. 힘이 약한 호모 사피엔스는 집단을 만들어 살고 있었다. 그리고 힘이 없는 호모 사피엔스는 자신의 힘을 보충하기 위해 도구를 발달시켰다. 네안데르탈인도 도구를 사용했지만 살아가는 힘이 뛰어난 그들은 집단을 만들지는 않았을 것이라고 한다. 따라서 새로운 도구가 발명되거나 새로운 연구가 이루어져도 다른 사람들에게 알리지 않았다.

한편 집단으로 생활하는 호모 사피엔스는 새로운 아이디어가 있으면 즉시 다른 사람들과 공유했다. 때로는 다른 누군가가 그 아이디어를 더욱 뛰어난 아이디어로 만들 수 있었을 것이다. 호모 사피엔스는 집단을 만들면서 다양한 도구와 연구를 발전시켰다. 결국은 능력이 부족한 호모 사피엔스가 이 지구에 남게 된 것이다.

20장

진화가
이끌어 낸 답

온리원일까, 넘버원일까

유명한 일본 노래 중에 "넘버원이 되지 않아도 돼, 원래 특별한 온리원이니까. 그러면 됐어."라는 가사를 가진 노래가 있다. 이 가사에 대해 두 가지 해석이 가능하다. 하나는 가사에서 말하듯 온리원이 중요하다는 의견이다. 경쟁에서 이기는 것이 전부는 아니며, 넘버원이 꼭 되어야 하는 것은 아니다. 우리 각자는 특별한 개성을 지닌 존재이므로 온리원이면 된다는 뜻이다.

다른 해석도 있다. 세상은 경쟁 사회다. 온리원이면 된다는 달콤한 말로는 살아남을 수 없다. 역시 넘버원을 지향해야 한다는 것이다. 온리원이면 될까, 아니면 넘버원을 목표로 해야 할까? 여러분은 어떤 의견에 찬성하는가? 38억 년 생명의 역사는 이 가사에 대해 명확한 답을 가지고 있다.

모든 생물이 넘버원

넘버원이 아니면 살아남을 수 없다. 이것이 자연의 철칙이다.

15장에서는 짚신벌레를 이용한 실험을 소개했다. 하나의 수조에 넣은 두 종류의 짚신벌레는 어느 한쪽이 사라질 때까지 서로 경쟁하고 싸운다. 승자가 살아남고 패자는 멸종하는 것이다.

넘버원이 아니면 살아남을 수 없다. 이것이 자연계의 혹독한 규칙이다. 인간 세계라면 넘버투는 은메달을 받고 칭송을 받는다. 하지만 자연계에서 넘버투는 존재하지 않는다. 넘버투는 곧 멸종될 패자일 뿐이다.

하지만 이상한 일이다. 넘버원이 아니면 살아남을 수 없다면 지구는 단지 1종의 생물만 생존해 있어야 한다. 그런데 자연계에는 다양한 생물들이 살고 있다. 넘버원이 아니면 살아남을 수 없는 자연계에서 어떻게 해서 많은 생물이 공존하고 있는 걸까?

짚신벌레의 또 다른 실험에서는 두 종류의 짚신벌레가 공존한 결과가 나타났다. 그것은 한 종의 짚신벌레가 수조 위에 살면서 대장균을 먹이로 삼고 있는 반면, 다른 한 종의 짚신벌레는 수조 바닥에 있으면서 효모균을 먹이로 삼고 있었다. 즉 하나는 수조 위에서 넘버원이고, 다른 하나는 수조 바닥에서 넘버원인 것이다. 이처럼 넘버원, 즉 1위를 나눠 가질 수 있다면 공존이 가능하다.

넘버원이 될 수 있는 장소를 니치라고 했다. 니치는 그 생물만 존재하는 온리원인 장소다. 즉 모든 생물은 온리원이며, 동시에 넘버원이다.

지구 어딘가에 니치를 찾을 수 있었던 생물은 살아남았고, 니치를 찾을 수 없었던 생물은 멸종했다. 자연계는 니치를 둘러싼 싸움이다.

니치는 작은 것이 좋다

그러면 어떻게 하면 니치를 찾아낼 수 있을까. 넘버원이 되기 위해서는 어떻게 하면 좋을까.

야구에서 넘버원이 되는 것을 생각해 보자. 전 세계에서 넘버원이 되는 것은 아주 어려운 일이다. 그러면 한 나라로 범위를 좁혀 보자. 고교 야구에서 국가대표로 넘버원이 되는 것은 세계 넘버원이 되는 것보다는 쉬울 수도 있지만 실현 가능한 것은 소수의 선수뿐이다. 그렇다면 한 도시에서 넘버원이 되는 것은 어떨까. 이것이 무리라면 내가 사는 마을에서 넘버원, 이것도 무리라면 학교에서 넘버원이 되면 된다.

이처럼 범위를 줄이면 넘버원이 되기 쉽다. 즉 니치는 작을수록 좋다. 계속 넘버원이 될 수 있어야 살아남을 수 있으므로 강팀으로 세계 제일을 계속 유지하는 것보다 학교에서 넘버원을 유지하는 것이 쉽다.

야구에서 넘버원이 되는 방법은 얼마든지 있다. 야구 경기에서 승부를 거는 것이 아니라 한쪽 팀이 타력에서 넘버원이고, 상대 팀이 수비에서 넘버원이면 양쪽 모두 승자, 즉 넘버원이 되는 것이다. 베이스 러닝이 넘버원이어도 되고, 캐치볼의 정확도가 넘버원이어도 된다. 벤치의 목소리 크기가 넘버원일 수도 있고, 프로 야구 선수의 이름을 그 누구보다 잘 기억하는 넘버원일 수도 있다. 이처럼 조건을 작게 세분화할수록 넘버원이 될 기회가 많아진다.

마케팅에서 니치 시장이라고 하면 틈이 있는 작은 시장을 의미한다. 생물의 세계에서 말하는 니치에는 틈이라는 의미는 없다. 니치는 커도 된다. 하지만 큰 니치를 유지하는 것이 어려우므로 모든 생물이 작은 니치를 유지하고 있다. 니치를 세분화해서 나누는 것이다. 넘버원이 되는 방법은 많다. 그래서 지구 상에는 이렇게 많은 생물이 존재하는 것이다.

싸우기보다 비켜 가기

니치를 확보했다고 해도 영원히 넘버원으로 남는 것은 아니다. 모든 생물이 서식 범위를 넓히려고 하므로 니치가 겹칠 때도 있고, 새로운 생물이 니치를 침범해 올 수도 있다. 하나의 니치에는 하나의 생물만 생존할 수 있다. 따라서 반드시 치열한 경쟁이나 다툼이 벌어질 것이라고 생각하지만 반드시 그렇지는 않다. 생물의 세계에서 진다는 것은 이 세상에서 소멸된다는 뜻이다. "일단 부딪쳐 봐라.", "도망치지 말고 싸워라.", "절대로 지면 안 되는 싸움이다." 등 인간 세계에서 이런 식으로 말할 수 있는 것은 혹시 진다고 해도 그럭저럭 잘 지낼 수 있기 때문이다.

생물의 세계에서는 지면 끝이다. 절대로 지면 안 되는 싸움이라면 가능한 '싸우고 싶지 않다.'는 것이 본심이다. 게다가 살아남았다고 해도 싸움이 격렬해지면 승자도 타격을 받을 수밖에 없다. 싸움에만 에너지를 너무 소비하면 환경 변화를 비롯한 닥쳐 올 역경을 극복해 낼 에너지까지 빼앗겨 버리기 때문이다. 따라서 가능한 싸우지 않는 것이 생물의 전략 중 하나가 된다.

그렇다고 해도 소중한 니치를 넘겨주고 달아나기만 할 수도 없다. 어디에서라도 넘버원이 아니면 살아남을 수 없는 것이다. 그래서 생물은 자신의 니치를 중심축으로, 가까운 환경이나 조건 하에서 넘버원이 될 장소를 찾아 간다. 즉 비켜 가기다. 이런 비켜 가기 전략을 니치 시프트라고 한다.

비켜 가기 방법은 다양하다. 짚신벌레의 사례에서처럼 수조의 윗부분과 수조의 바닥 부분으로 장소가 겹치지 않도록 비켜 가는 방법도 있다. 물론 같은 장소에 다양한 생물이 공존하는 경우도 있다. 아프리카의 사바나에서는 얼룩말은 초원의 풀을 뜯어 먹고, 기린은 높은 나무의 잎을 뜯어 먹는다. 이처럼 같은 장소에 서식하는 경우에도 먹이를 겹치지 않게 해서 비켜 가는 방법도 있다. 또 낮 활동과 밤 활동으로 나눠서 시간이 겹치지 않게 비켜 가는 방법도 있다. 식물과 곤충이라면 계절을 비켜 가는 방법도 있을 것이다.

이처럼 조건들 중 하나를 겹치지 않게 비켜 감으로써 모든 생물은 각각 넘버원이 될 수 있는 온리원의 장소를 찾아낼 수 있다. 이렇게 니치를 서로 비켜 가면서 생물은 진화를 거듭해 왔다.

물론 이 니치라는 개념은 생물의 종 단위로 생존하는 방법에 관한 것이며, 개체 각각의 전략은 아니다. 하지만 우리 인간 사회의 생존 전략에도 많은 것을 시사해 준다.

다양성이 중요하다

자연계는 이렇게 다양한 종의 생물들로 가득 차 있다. 그런데 이상하다. 모든 생물은 공통 조상인 단세포 생물에서 진화했다. 그러면 그중 하나의 종이 그대로 진화해서 지구상에 그 한 종의 생물이 점유하고 있어도 되는 것이다. 공통 조상을 가졌는데도 자손이 된 생물은 어이없게도 서로 경쟁하면서 먹거나 먹히거나 한다. 형제자매가 골육의 싸움을 반복하고 있는 셈이다.

지구에는 다양한 환경이 있다. 그리고 환경은 계속 변화한다. 이 지구에서 어떻게 살아가야 할까? 그 답은 하나가 아니다. 그리고 무엇이 정답인지도 알 수 없다. 그렇다면 많은 옵션을 준비해 두는 것이 좋다. 그래서 다양한 옵션을 시도할 수 있도록 생물은 공통 조상에게서 분리되어 왔다. 지구를 바라보면 동물도 있고 식물도 있고 작은 단세포 생물도 있다. 우리 포유류의 세계만 봐도 코끼리처럼 대형인 것부터 작은 쥐까지 다양하게 존재한다. 박쥐처럼 하늘을 날아가는 것도 있고, 고래나 돌고래처럼 바다에서 살아가는 것도 있다.

지구에는 175만 종의 생물이 있다. 생물은 진화 과정에서 항상 분기를 되풀이하며 다양화되었다. 그뿐만이 아니다. 우리 인류는 70억 명이나 되지만 닮은 사람은 있어도 같은 얼굴을 가진 사람은 없다. 같은 성격, 같은 능력을 가진 사람도 없다. 동일한 유전자형이 존재하지 않는 것이다. 무엇보다 하나의 난자에서 태어난 일란성 쌍둥이는 동일한 유전자형을 가진다. 하지만 사람은 환경에 따라 성격과 능력이 변하도록 만들어졌다. 따라서 쌍둥이라도 완전히 같은 인격이 되지는 않는다. 모든 사람은 온리원의 존재다.

생물의 세계도 마찬가지다. 같은 종 중에서도 다양한 유형이 존재한다. 비록 지렁이나 잎벌레라고 해도 개체 하나하나가 유일무이한 유전자형을 가진 온리원의 존재다. 생물은 서로 '다르다는 것' 때문에 가치가 있다. 이는 인간 세계에서 말하는 '개성'과 같은 것일 수도 있다.

인간이 만들어 낸 세계

진화를 거듭한 끝에 만들어진 인간의 뇌라는 것은 실로 대단하다. 인간은 본 적도 없는 38억 년 전 과거로까지 거슬러 올라갈 수 있는 상상력을 가지고 있기 때문이다. 그런데 뜻밖에도 인간의 뇌는 자신들이 살아가는 자연을 제대로 파악하지 못한다.

진화가 만들어 낸 생물의 세계는 다양성으로 가득 차 있다. 모든 것이 개성 있게 연결되어 있는 복잡한 세계다. 인간의 뇌는 이 복잡성을 구별하지 못한다. 아니, 할 수 없는 것이 아니라 자연계에서 살아남기 위해서 복잡한 세계를 통째로 이해하는 것보다 자신에게 필요한 정보만 꺼내 단순화시키는 능력을 발달시켜 왔다.

자연계에는 경계가 없다. 모든 것이 연결되어 있다. 예를 들어 후지산은 어디까지가 후지산일까. 사람들은 후지산이 시즈

오카현과 야마나시현에 있다고 생각한다. 하지만 후지산은 땅이 끝없이 이어져 있고 경계가 없다. 그런데도 후지산은 시즈오카 현과 야마나시 현의 경계가 되고 있다. 아무런 경계선이 없는 대지에 인간은 국경을 긋고 지역별로 경계를 지어서 구별하고 있다.

그러면 바다와 육지의 경계는 어떨까. 조수 간만에 따라 파도가 치는 물가의 위치가 결정된다. 지도상에서는 해수면 높이의 평균값으로 바다와 육지를 구분할 수도 있지만, 실제로는 파도가 항상 밀려오기 때문에 바다와 육지의 경계선은 늘 변할 수밖에 없다. "분류해서 구분한다." 이것이 인간 뇌의 주특기다.

개와 고양이는 다른 동물이다. 그러면 개와 늑대는 어떨까. 개와 늑대는 생물학적으로 같은 종에 속한다. 하지만 늑대와 실내에서 키우는 몰티즈나 닥스훈트는 분명히 다르다. 그런데 몰티즈와 늑대가 어떤 점에서 차이가 있는지 묻는다면 명확하게 대답할 수 있을까. 몰티즈와 늑대는 분명히 다르지만 어떤 점이 다른지 설명하기는 어렵다. 크기가 다르다고 주장할 수도 있다. 하지만 늑대도 새끼일 때는 작다. 그러면 얼마나 크면 늑대라고 할 수 있을까. 또 털색이 다르다고 할지도 모르지만 하얀 늑대도 있다. 개와 고양이를 착각하는 사람은 없겠지만 실

차이점을 명확히 설명하기 어려운 개와 늑대

제로 이들의 차이점을 설명하기는 어렵다.

그러면 돌고래와 고래의 차이점은 뭘까. 돌고래와 고래는 크기가 다르다. 크기가 3미터 이상은 고래, 3미터 미만인 것은 돌고래로 정의한다. 이것은 생물학적인 차이가 아니라 인간이 정한 규칙으로 구별하고 있을 뿐이다.

진화론을 제창한 다윈은 이런 말을 남겼다. "원래 나눌 수 없는 것을 나누려고 하기 때문에 안 되는 것이다." 자연계에 구분은 없다. 양서류는 어류에서 진화했다고 한다. 그러면 그 경계선은 어디일까. 어느 날 갑자기 어류에서 양서류가 태어난 걸까.

호모 사피엔스의 유래는 분명하지 않지만, 현재는 호모 에렉투스가 직계 조상으로 간주되고 있다. 호모 사피엔스의 조상이 호모 에렉투스였다고 하자. 그러면 어머니가 호모 에렉투스인데 그 자식이 호모 사피엔스로 태어난 걸까. 그렇지는 않을 것이다. 그러면 호모 사피엔스는 언제부터 호모 사피엔스가 된 걸까.

큰 변화는 한 번에 일어나지 않는다. 엄마와 자식은 각기 다른 개성을 가지고 있기 때문에 작은 차이가 있다. 그런 작은 변화가 축적되면서 결국 큰 변화가 일어나는 것이다.

그렇게 생각하면서 더듬어 올라가면 다윈이 지적한 것처럼 인간도 원숭이도 명확한 차이는 없다. 조상을 더듬어 올라가면 우리 인간은 식물과도 명확하게 구별되지 않지 않는다. 식물뿐만 아니라 미생물과도 구별되지 않는다. 도쿄의 도심과 후지산의 정상은 전혀 다른 곳이지만 경계선은 없다. 마찬가지로 공통 조상에서 진화한 모든 생물에게도 경계선은 없다.

보통이라는 환상

인간의 뇌는 복잡하게 연결되어 있는 이 세상을 있는 그대로 이해하지는 못한다. 구별해서 단순화해야 이해할 수 있다. 또 뇌는 다양한 것을 잘 이해하지 못하기 때문에 가능한 한 같았

호모 에렉투스

모든 생물에게 경계선은 없다.

으면 좋겠다고 생각한다.

생물은 다양하다. 그래서 모든 채소는 원래 모양과 크기가 제각각이다. 이렇게 다양한 채소는 수확하기도 어렵고 박스 포장도 할 수 없다. 진열하기도 힘들고 각각 가격을 붙이기도 어렵다. 따라서 인간은 채소라는 생물을 최대한 같은 모양으로 가지런히 늘어놓고 싶어 한다.

인간도 사람마다 얼굴이 다르듯이 각각 개성 있는 존재다.

하지만 각각의 개성을 이해하기는 어려우므로 같은 교과서로 같은 수업을 한다. 그리고 시험을 치고 성적을 내서 차례로 줄을 세운다. 이렇게 정리하면 인간의 뇌를 비로소 이해할 수 있다. 다양하거나 복잡하게 하고 싶지 않은 것이다. 그런 인간이 즐겨 쓰는 말이 '보통'이라는 단어다.

보통 사람이란 말은 어떤 사람을 말하는 걸까. 키는 몇 센티미터일까. 가로 폭은 몇 센티미터에서 몇 센티미터 사이일까. 그리고 어떤 얼굴이 보통의 얼굴일까. 생물의 세계는 '다르다는 것'에 가치를 부여한다. 그래서 같은 얼굴을 가진 사람은 절대로 존재하지 않는 다양한 세계가 만들어졌다. 하나하나가 모두 다른 존재이므로 '보통인 것'도 '평균적인 것'도 있을 수 없다. 결국 보통이라는 말은 보통이 아니라고 판단하기 위한 말이다.

원래는 생물의 세계에 보통이라는 것은 존재하지 않는다. 보통과 보통이 아닌 것의 구별도 없다. 물론 우리는 인간이므로 다양한 것을 단순화해서 평균화시키거나 순위를 매겨서 이해할 수밖에 없다. 하지만 그것은 분류해서 구분하는 뇌의 특성상 편의적으로 하는 것일 뿐, 세상은 더 다양하고 풍부한 것들로 이루어져 있다는 것을 잊지 않았으면 한다.

맺음말

결국 패자가 살아남는다

지구의 역사를 돌이켜 보면 많은 일들이 있었다. 기쁜 일도 있었고 괴로운 일도 있었다. 하지만 생명은 끈질기게 살아남았다. 그렇다. 살아남는 것이 이기는 것이다. 세상은 약육강식이다. 강한 자는 살아남고 약한 자는 사라진다.

지구의 역사는 어땠을까. 지구에 생명이 탄생한 후 최초의 위기는 해양 증발과 스노볼 어스였다. 지구에 엄청난 대이변이 일어났던 것이다. 지구에 생명이 탄생했을 무렵 지름 수백 킬로미터나 되는 소행성이 지구에 충돌했다. 충돌로 인해 엄청난 에너지가 발생하였고 그 에너지로 모든 바다의 물이 증발하고 지표는 4천 도로 뜨겁게 타올랐다. 그리고 지구에 번성했던 생명이 사라졌다. 이러한 해양 증발이 한 번이 아니라 여러 번 일어났을 것으로 짐작된다.

이때 생명을 이어 간 것이 땅속 깊숙이 쫓겨났던 원시적인 생명이었을 것이다. 이렇게 목숨을 이어 온 생명에 다음으로 찾아 온 위기가 지구 표면 전체가 얼어 버린 대빙하기다. 이 시기에 지구의 기온이 영하 50도까지 떨어져 눈덩이 지구가 되었고 따라서 지구 위 대부분의 생명이 멸종되었다. 하지만 이때 생명의 릴레이를 이어 간 것이 심해와 땅속 깊이 쫓겨났던 생명이었다.

이렇게 지구에 이변이 일어나고 생명의 멸종 위기가 찾아올 때마다 목숨을 이어 간 것은 번성했던 생명체가 아니라 변방으로 쫓겨나 있던 생명체였다. 그리고 위기 후에는 반드시 기회가 찾아 왔다. 스노볼 어스의 위기가 닥칠 때마다 이러한 위기를 극복한 생물은 번영을 이루어 진화했다. 진핵생물이 탄생하거나 다세포 생물이 탄생하는 혁신적인 진화가 일어난 것은 스노볼 어스 이후다.

그리고 고생대 캄브리아기에는 캄브리아 폭발이 일어난다. 많은 생물종의 폭발적인 증가가 일어난 것이다. 캄브리아 폭발에 따라 다양한 생물이 탄생하자 이번에는 강한 생물과 약한 생물이 나타났다. 강한 생물은 약한 생물을 아드득아드득 씹어 먹었다. 강한 방어력을 가진 생물은 단단한 껍질과 날카로운 가시로 자신의 몸을 지켰다.

반면에 자신을 지킬 방법이 없어 도망 다닐 수밖에 없는 약한 생물이 있다. 그 약한 생물은 몸속에 척삭이라는 구조를 발달시켜 천적에게서 도망가기 위해 빨리 헤엄치는 방법을 익혔

다. 이것이 어류의 조상이 되었다. 그리고 척삭을 발달시킨 어
류 중 강한 종류가 나타났다. 그러자 약한 물고기들은 기수역
으로 쫓겨났다. 더 약한 물고기들은 강으로 쫓겨났고, 그보다
더 약한 물고기들은 강 상류로 쫓겨났다. 이렇게 해서 어쩔 수
없이 작은 강과 웅덩이로 쫓겨난 것이 결국 양서류의 조상이
되었다.

거대한 공룡이 활보하던 시대에, 인류의 조상은 쥐 같은 작
은 포유류였다. 우리의 조상은 공룡의 눈을 피하기 위해 밤이
되어 공룡이 잠든 후 조용해지면 먹이를 찾아 돌아다니는 야
행성 생활을 시작했다. 항상 공룡의 먹잇감이 될지도 모른다는
위협을 받고 있던 작은 포유류는 청각과 후각 등의 감각 기관
과 이것을 관장하는 뇌를 발달시켜서 민첩한 운동 능력을 몸
에 익혔다.

대지에 활보하는 적을 피해 나무로 달아난 포유류는 결국 원
숭이로 진화했다. 기후가 변하면서 울창한 숲이 건조해져서 초
원이 되자 숲을 빼앗긴 원숭이는 천적에게서 자신을 지키기
위해 보행을 하게 되었고 몸을 보호하기 위해 도구와 불을 익
혔다. 인류 중 능력으로 보면 네안데르탈인보다 열등한 호모
사피엔스는 집단을 만들어 기술과 지혜를 공유했다.

생물의 역사를 돌이켜 보면 살아남은 것은 약한 자들이었다.

항상 새로운 시대를 만들어 간 것은 시대의 패자였다. 패자들이 역경을 극복하고 숨어 지내면서 시간을 견디어 내고 대역전극을 이어 온 것이다. 말하자면 패자들이 '권토중래'를 노린 것이다. 도망 다니고 쫓겨 다니면서 우리의 조상은 살아남았다. 그리고 그토록 짧은 목숨을 이어 왔다. 우리는 그런 씩씩한 패자들의 후손이다. 이렇게 해서 마침내 지금 당신은 이 세상에 생명을 받아 지구상에 나타났다. 생각해 보면 엄청나게 대단한 일이다. 어쨌든 당신이 이 세상에 있다는 것은 지구에 생명이 탄생한 후 한 순간도 끊이지 않았기 때문에 당신에게 이어져 온 것이다.

생명의 역사 속에서 재해가 수없이 지구를 덮쳤고 생명체는 혹독한 환경에 수없이 노출되었다. 그리고 많은 생명들이 사라졌다. 얼마 안 되는 생명만 살아남은 큰 사건도 여러 번 겪었다. 그런데도 조상들은 끝까지 살아남아 현재의 우리에게로 이어졌다. 살아남았기에 가능했다. 그렇게 생명의 릴레이를 이어 간 것이다. 다음 세대로 계속해서 바통이 건네졌다. 그래서 당신이 이곳에 있는 것이다. 이것이 기적이 아니면 무엇이란 말인가.

'개체 발생은 계통 발생을 되풀이한다.'[19]는 말이 있다. 어머니의 배 속에 최초로 나타난 당신은 어떤 모습이었을까. 어류인지 양서류인지 알 수 없는 올챙이 같은 모습이었을까. 그렇지 않다. 어머니의 배 속에 머물러 있을 때 당신은 단세포 생물이었다. 정자가 단 한 개의 난세포에 다가가 그곳으로 들어가서 수정을 한다.

우리의 조상이 단세포 생물이었듯이 최초에 생명을 잉태했을 때 당신은 또 하나의 단세포 생물이었다. 당신은 세포 분열을 반복한다. 하나였던 세포는 2개가 되고, 분열해서 4개가 되고 8개가 되고 16개가 된다. 지금 당신의 몸은 70조 개라는 세포로 만들어졌지만 그 모든 세포는 이런 식으로 분열한 당신의 분신이다. 이렇게 세포 분열을 반복하면서 당신은 다세포 생물이 되었다. 이윽고 둥근 구형이었던 당신의 몸은 홈이 움푹 패어 들어간다. 생물은 속이 빈 대롱 모양으로 진화해서 내부 구조를 발달시켰는데, 바로 그런 과정을 밟고 있는 것이다.

그리고 당신은 꼬리를 가진 물고기 형태가 된다. 그러다가 꼬리가 퇴화되어 간다. 이때 손가락은 7개다. 이것은 아마 지상에 막 상륙했을 때의 모습이다. 이윽고 2개가 퇴화되고 손가락은 5개가 된다.

인간의 임신 기간은 9개월(266일)이다. 하지만 그 사이에 길

---

19. 생물학에서는 이 말을 틀린 것으로 간주한다. 많은 종류의 척추동물이 발생 초기에 비슷한 형태를 띤다고 설명하는 것이 더 정확한 설명이다. 예컨대 인간은 발생 동안 여러 계통 즉, 어류, 양서류, 파충류 등 특징이 순서대로 나타나지 않는다. 여기에서는 이 말을 하나의 은유로 간주해 읽기를 바란다.

고 긴 38억 년의 역사를 반복하여 당신이 태어난 것이다. 당신의 DNA 속에 생명의 역사가 새겨져 있다. 우리는 삶을 얻는 동시에 죽음을 맞이하게 된다. 죽음은 생명이 진화 과정에서 얻은 것이다. 돌이켜 보자. 단세포 생물은 세포 분열을 반복했을 뿐이었다. 그들에게 죽음은 없다.

그런데 단세포 생물은 마침내 무리와 유전자를 교환하면서 세포 분열을 하게 되었다. 새로 태어난 세포는 원래의 세포와 같지 않다. 원래의 세포는 이 세상에서 없어지고 새로운 세포가 재생되었다. 말하자면 스크랩 앤드 빌드scrap and build다. 이렇게 계속 재생하고 변화함으로써 생명은 영원할 수 있는 길을 선택했다. 하지만 그들이 멸종되어 버린 것은 아니다. 세포 분열을 하면서 유전자는 확실하게 계승되어 갔다. 원래의 세포는 없어져도 새로운 세포가 확실하게 유전자를 이어 갔다. 죽음이라는 것은 끝이 아니다.

우리 인간도 기본은 단세포 생물과 다르지 않다. 비록 우리의 몸은 없어져도 단 하나의 세포가 우리의 유전자를 확실하게 계승한다. 그것이 여성에게는 하나의 난세포이며, 남성에게는 하나의 정세포다. 어머니의 몸속에서 세포 분열을 거쳐 태어난 난세포와 아버지의 몸속에서 세포 분열을 거쳐 태어난 정세포에 의해 새로운 하나의 수정란이 태어난다. 이렇게 해서 우리의 유전자는 계승되어 가는 것이다. 이것은 단세포 생물들이 생명을 이어 온 것과 다르지 않다. 우리도 이런 과정을 거쳐 조상에게서 세포 분열을 하면서 유전자를 계승해 왔다. 이미 38억년이나 되는 시간을 우리 인간이 살아온 것이다. 생명은 영원하다.

이 책을 출간하는 데 많은 도움을 준 PHP 에디터스 그룹의 타바타 히로부미 씨에게 감사의 말을 전한다.

이나가키 히데히로

참고문헌

- 가와카미 신이치,《전 지구 동결》(川上紳一,《全地球凍結》, 2003, 集英社).
- 나쓰 미도리,《이것만! 생명의 진화》(夏緑,《これだけ! 生命の進化》, 2015, 秀和システム).
- 나쓰 미도리,《진화론과 생물의 수수께끼를 이해하는 책》(夏緑,《進化論と 生物の謎がよ~くわかる本》, 2008, 秀和システム).
- 다이나카 게이이치·요시무라 진,《살아남는 생물, 멸종하는 생물》(泰中啓 一·吉村仁,《生き残る生物絶滅する生物》, 2007, 日本実業出版社).
- 다지카 에이이치,《얼어붙은 지구》(田近英一,《凍った地球》, 2008, 技術評 論社).
- 다지카 에이이치,《지구 생명의 대약진》(田近英一,《地球·生命の大進化》, 2012, 新星出版社).
- 사라시나 이사오,《인간은 우주에서 어떻게 탄생했는가》(更科功,《宇宙か らいかにヒトは生まれたか》, 2016, 新潮社).
- 야마다 도시히로,《그림으로 이해하는 진화 메커니즘》(山田俊弘,《絵でわ かる進化のしくみ》, 2018, 講談社).
- 요시무라 진,《강한 자는 살아남을 수 없다》(吉村仁,《強い者は生き残れ ない》, 2009, 新潮社).
- 우사미 요시유키,《캄브리아 폭발의 수수께끼》(宇佐見義之,《カンブリア 爆発の謎》, 2008, 技術評論社).

- 이케다 기요히코,《38억 년 생물진화의 여행》(池田清彦,《38億年生物進化の旅》, 2012, 新潮社).
- 이케다 기요히코,《진화론 최전선》(池田清彦,《進化論の最前線》, 2017, 集英社インターナショナル).
- 하인츠 호라이스 외,《잠들 수 없는 진화론 이야기》(ハインツ·ホライス 他,《眠れなくなる進化論の話》, 2011, 技術評論社).
- NHK 공룡 프로젝트팀,《공룡, 인간을 디자인하다》, 이근아 엮음, 고바야시 요시쓰구 감수, 2007, 북멘토(NHK〈恐竜〉プロジェクト·小林快次監修《恐竜絶滅》, ダイヤモンド社).
- NHK 지구 대진화 프로젝트 편《지구 대진화 – 46억 년·생명의 여행 1~6권》, 고바야시 타츠요시 그림, 서현아 엮음, 최덕근 감수, 2006, 삼성출판사(NHK〈地球大進化〉プロジェクト編,《NHK スペシャル地球大進化 : 46億年·人類への旅 巻次 : 1~4》, 2004, 日本放送出版協会).

패자의 생명사

1판 1쇄 인쇄 2022년 05월 27일
1판 1쇄 발행 2022년 06월 03일

지은이 이나가키 히데히로,
옮긴이 박유미
감수자 장수철

발행인 김기중
주간 신선영
편집 백수연, 민성원, 정은미, 김우영
마케팅 김신정, 김보미
경영지원 홍운선

펴낸곳 도서출판 더숲
주소 서울시 마포구 동교로 43-1 (03470)
전화 02-3141-8301
팩스 02-3141-8303
이메일 info@theforestbook.co.kr
페이스북·인스타그램 @theforestbook
출판신고 2009년 3월 30일 제2009-000062호

ISBN 979-11-90357-97-5 (03470)